培养未来的孩子

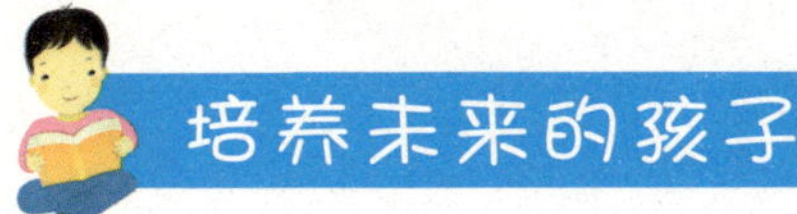

AQ逆商

儿童潜能开发专家 彭爱华 著

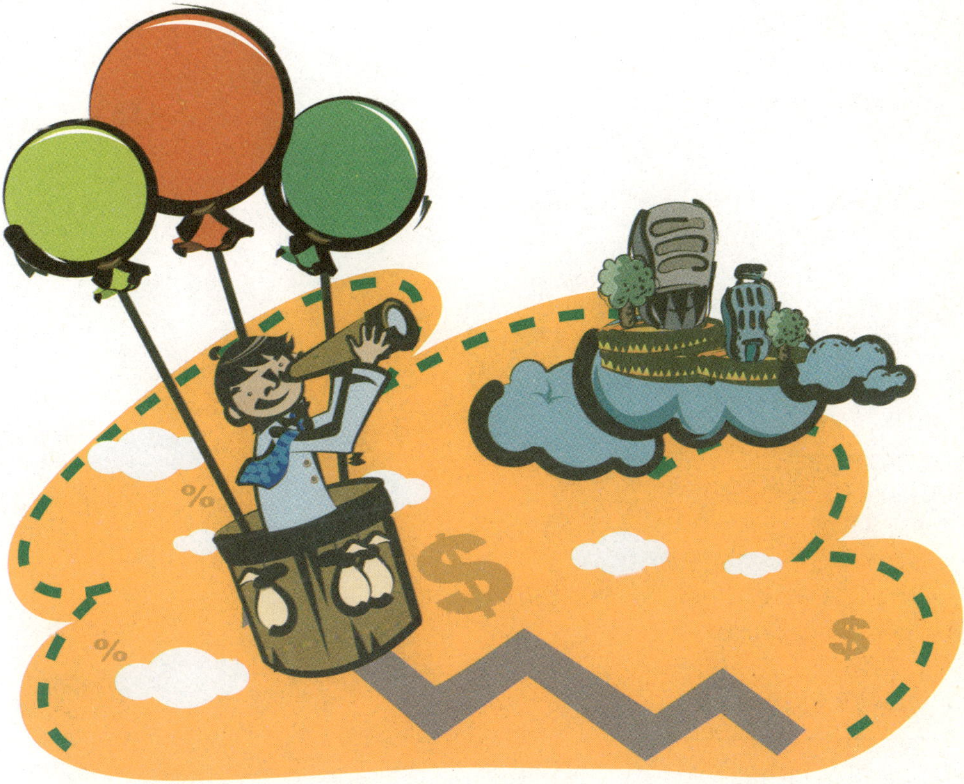

天津科学技术出版社

图书在版编目(CIP)数据

培养未来的孩子. AQ逆商 / 彭爱华著. —
天津：天津科学技术出版社，2012.5
ISBN 978-7-5308-7011-2

Ⅰ. ①培… Ⅱ. ①彭… Ⅲ. ①少年儿童－能力培养②
少年儿童－挫折教育 Ⅳ. ①G61

中国版本图书馆CIP数据核字(2012)第085162号

责任编辑：方　艳
责任印制：兰　毅

天津科学技术出版社出版
出版人：蔡　颢
天津市西康路35号　邮编 300051
电话（022）23332695（编辑室）　23332393（发行部）
网址：www.tjkjcbs.com.cn
新华书店经销
北京海德印务有限公司印刷

开本 690×960　1/16　印张 9　字数 100 000
2012年5月第1版第1次印刷
定价：26.00元

推荐序

开发潜能，提升AQ

家庭教育专家 陈大为

每个人都有与生俱来的潜能，这些潜能能不能被充分运用、充分发挥，要看是否能被完整地开发，而开发的关键是从小开始。

本书包含了60个提升孩子AQ的小秘诀。从提升意志力开始，一直到提升处理力，共6个部分来做系统化训练，它们分别是“提升意志力”“提升耐挫力”“提升认识力”“提升合作力”“提升自信力”“提升处理力”，每部分都与孩子的成长息息相关，本书旨在让孩子真正掌握提升AQ的秘诀及方法，并附有练习题目，孩子们可以按部就班、一步一步按着简单易懂的说明，加上趣味性的练习，自然而然地激发潜能，相信一定会对孩子AQ的提升有所帮助。

珍惜自己与生俱来的天赋，将它做最妥善的发挥。不管是在学习上，还是在人生发展上，都将会有很大的帮助。希望每一位小朋友都能从本书中得到一些有益于自己的启发与帮助。

序

AQ，让你的未来不是梦

你一定听说过一句老话：自古英雄多磨难，从来纨绔少伟男。知道这是为什么吗？是因为英雄的AQ都很高，他们对抗磨难的能力比较强。你知道吗？如果你不努力开发自己的潜能，你就不能像英雄一样征服磨难。所以你要努力开发这方面的潜能，它不但会成就你的英雄梦想，还能让你获得比一般人更多的幸福。

一般而言，小朋友在9岁的时候，AQ大概发展到80%左右；到了12岁的时候，AQ已经发展到了93%。因此，若不在小学毕业以前开发你的AQ，以后就很难把握这种潜能的开发。有的小朋友可能会心存疑惑：这个年龄段的我们正处在无忧无虑的童年，哪有什么机会来提升AQ呢？

不要着急，提升AQ并不是像你想象的那样：只有身处逆境才可以提高对抗逆境的能力！读过本书你就会发现，逆商是一种强者生存的能力，无论是在顺境或是在逆境，一个人的AQ潜能会时时伴随着自己，本书提供的方法可以让你在12岁之前无论身处什么样的环境都可以提高AQ。

快快行动吧，未来的小英雄！

编者

目录 contents

第四章 懂得合作 67

第五章 相信自己 89

第一章

意志力很关键

有着坚强意志力的人，在遇到困难时，不会退缩，也不会绕道而行，而是迎难而上。即使遭受巨大挫折或失败，他也绝不会气馁，绝不会灰心丧气，而是不屈不挠地继续奋斗，直到最后的胜利。其实，没有那么难，来吧，你绝对可以！

1 培养永不服输的性格

拿破仑有句名言说得好：人生之光荣，不在于永不失败，而在于能屡仆屡起。

然而很多小朋友，却经受不住一点挫折。考试没考好，泄气；竞选班干部落选，灰心；被老师批评，丧气。甚至有很多小朋友，因为一时的失误，就开始放弃努力，这绝不是强者的姿态。

要做强者，就要培养自己永不服输的性格。要记住：每次失败都向成功迈近了一步。其实失败只是表示尚未成功而已，并不是就不会成功了；失败也并不表示以前的努力是在浪费时间，其实它为成功做了准备；失败更不能让我们放弃目标，而是激励我们奋起、更加努力。

我们来看一看爱迪生的故事：

爱迪生曾经长期埋头于发明电灯的实验，期间，有一位年轻记者问他："爱迪生先生，你目前的发明曾经失败过一万次，你对此有何感想？"

爱迪生回答

说："年轻人，因为你的人生旅程才刚起步，所以我告诉你一个对你未来很有帮助的启示。我并没有失败过一万次，只是发现一万种行不通的方法。"

这就是爱迪生永不服输的性格，也正是这种性格，使他成为了最伟大的发明家。

只有放弃才有失败，因为只要放弃了就肯定再没有成功的机会，而不放弃，就会一直拥有成功的希望。不管做什么事都是这样。

即使是失败，也只是暂时的，如果眼光总是集中于过去，却对现实生活逃避，那肯定会使我们深陷痛苦之中而无法自拔。

不要为打翻的牛奶而哭泣！泰戈尔说，错过太阳时，你在哭泣，那么你也会错过星星。莎士比亚说，聪明的人永远不会坐在那里为他们的损失而悲伤，却会很高兴地去找出办法来弥补他们的创伤。

世上没有绝望的处境，只有对处境绝望的人。所以我们要忘却暂时的失意，把过去的痛苦彻底埋葬，用积极的行动取而代之。

培养永不服输的性格

1 宠辱不惊，失败只是暂时的

记住一句话：今天很残酷，明天更残酷，后天很美好，但很多人都死在了明天晚上。所以干什么都要坚持。

2 不要成为自卑的俘虏

面对失败的痛苦，要豪情万丈地说：欢乐算什么，一万个欢乐也赶不上一个痛苦！我满载着苦难一样多的财富。

3 在逆境中奋发图强

4 向成功者学习

开发自己独特的潜能

大家都知道每个人身上都有所谓的“潜能”，但是，我们对于自身都有什么样的潜能，往往不是很清楚，事实上，一个人的潜能常常超出很多人的想象。

一般情况下，人的能力只发挥了很小很小的一部分，而在受到激励的条件下才能全部发挥出来。

美国有一位叫威廉的心理学家发现，一个普通人只用了其能力的10%，还有90%的潜能可以挖掘。请注意，这里所说的只是普通人，还不是“天才”！

大多数人还没有意识到，自己的能量简直就是一个处于潜伏期的活火山。

——可惜呀，很多人尚未看到自己的潜能，就已经结束了一生。

亲爱的小朋友，你有没有意识到你身上的能力要比你自己感觉的大得多呢?

马克·吐温也曾说过，人的思想是了不起的，只要专注于某一项事业，那就一定会做出令自己惊讶的成绩来！

那么从现在开始，请承认自己是那样的了不起，并且赶紧来开发自己的潜能吧！

开发潜能的方法

1 有开发自己潜能的渴望

小朋友，现在你已经知道在你的身上，尤其是你的脑袋里，蕴藏着像活火山一样的潜能，而只要后天有意识地培养，你就可以掌握自己曾经认为是神乎其神的才能。那就不要犹豫了，接着往下做吧。

2 寻找自己独特的才能

现在回忆一下，自己喜欢的领域是什么？自己擅长什么？自己最为得意的又是什么？（因为这些方面，或许潜藏着很多先天性的才能。）

3 按照适合自己的步骤训练才能

永远没有最好的，只有适合自己的。所以无论做什么，都要分析自己的情况，只要按照自己的步骤训练，就一定能够磨砺出需要的才能来。

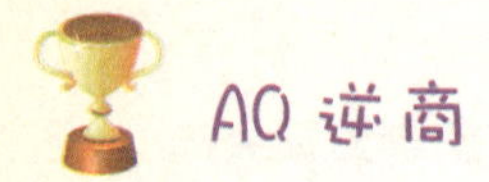

3 排解坏情绪的训练

乐观积极的心态和思维方式是无敌的！可以用来克服一切坏情绪。

小朋友，仔细想一想，你的烦恼来源于什么呢？其实，归根到底，是因为你总是看到事物不好的一面，所以想一想事情好的另一面吧。你说地上有阴影，那是因为你总是低着头！迎着太阳走，把黑暗的影子永远抛在身后。

来自于自我松懈时产生的坏情绪

这种情绪常常产生在大型考试之后。在千辛万苦终于达成目标后，精神松懈下来，学习步调也放慢了，做事开始变得懒散。

来自外界的打击出现的坏情绪

家庭的变故、意外事件的发生、学习中的挫折等，这种烦恼尤其需要告诉别人，倾诉之后心里会舒畅很多。

来自于性格因素带来的坏情绪

有的小朋友性格内向、封闭，遇到什么事情只喜欢闷在心里，产生坏情绪后没法及时把它释放出去，这样对小朋友的身心以及学习、生活都不利。

小小许愿瓶，带走大烦恼

准备工具：纸、铅笔、一个小瓶子。

游戏起因：有些时候，我们会觉得内心有一种莫名其妙的难过情绪，比如说因为妈妈的一句责骂，因为老师的批评，或者因为和好朋友的一场误会……这个时候，如果不及时把这种情绪发泄一下，就很容易压抑我们本来快乐的心情。这个时候，你不妨把这些“灰色的记忆”用铅笔写在一张纸上，然后把它们放进小瓶子。

游戏方法：

1 当心情不好的时候、当不愿向别人倾诉你现在的烦恼时，你就可以把这些不好的情绪用纸和笔写下来。然后在最后写下你的心愿：你希望事情应该是怎样的。

2 在你把这些让你莫名其妙的情绪写下来后，把这张纸片折成小三角形放在小瓶子里，盖上盖。这时，你会发现，自己的坏心情连同自己的希望已经装在瓶子里了，你会轻松很多。

3 当小小的瓶子装满了你的坏心情记录和美好的心愿时，你可以把这个小瓶子放逐到一个漂流的小河里。它会把你的坏心情带走，也会让你那些美好的心愿洒向更远的地方。这也许能成为你童年最美好的回忆，它会让你乐观和坚强。

4 拥有坚强不屈的信念

在人生的道路上，不仅有平原小溪，还有高山大河；不仅有阳光灿烂的日子，更有狂风暴雨的时候。

只有那些勇敢执著去奋斗追求的人，才能像暴风雨中的海燕，得意洋洋地掠过海面，好像一道深灰色的闪电。

大到人生，小到每一次考试，成功只属于那些勇敢追求、全心付出的人。

因此，当小朋友们遇到挫折时，首先问问自己：我真的用尽全力了吗？

也许你只是被对手的气势吓倒了，在比赛开始之前，就让自己退下阵来。

如果你是这般轻易放弃的话，将来又如何在激烈的社会竞争中立足呢！

在这个世界上，没有越不过的海洋，没有攀不过的高山，只怕没有一颗坚强的心。如果没有一种执著追求的精神，你将永远无法美梦成真。

很多小朋友都听过这个故事：

有一个失意的年轻人向一位哲人请教成功的秘诀。哲人递给他一颗花生说："用力捏它。"年轻人用力一捏，花生的壳便碎了，剩下了花生仁。然后，哲人又叫他再搓，结果红色的皮也被搓掉了，只留下了白色的果实。哲人再叫他用力捏捏，年轻人迷惑不解，但还是照做了。可是不论他如何用力，却怎么也捏不碎这粒花生仁。

最后，哲人语重心长地告诫年轻人：“虽然屡受打击与磨难，失去了很多东西，但始终都要拥有一颗坚强不屈的心。如果一个人连一颗敢于面对重重磨砺和困难的心都没有，那么，谁还赋予他希望呢？”

所以，小朋友，你要明白，影响一个人成功的，绝不是环境，也不是遭遇，而是你是否拥有一颗坚强的心，一种不屈的信念，在任何时候不言放弃的精神。命运全在搏击，奋斗就是希望，而失败只有一种，那就是放弃努力。小朋友，当你遇到挫折的时候，要勇敢起来，不要犹豫退缩，不要庸人自扰、彷徨失措，只要你付出百分百的努力，你就一定会美梦成真。

培养毅力的方法

1 坚定自己的目标，这是培养毅力的第一步，也是最重要的一步。（强烈的动机可以驱使你克服许多困难。）

2 要有强烈的渴望。（只要当你急切地想实现你的目标时，你就有实现目标的动力，它会促使你坚持到底。）

3 相信自己。（信心可以鼓舞人坚持目标，永不放弃。）

4 给自己一点暗示。（当你觉得快要退缩时，给自己一点暗示，比如实现目标之后你将会得到什么奖励等。）

5 从幻想这一刻开始

小朋友，你对自己的未来有什么打算吗？如果你觉得这个问题很抽象，不好回答，那先试试顺着这个思路来一次幻想旅程：

你有自己喜欢的明星吗？长大后，你渴望能像谁一样生活呢？

好，现在就闭上眼睛好好想想这个问题，然后再想一想自己20年后的样子。

20年后自己是什么样子呢？

是过着像童话里的公主与王子一样的生活，还是从事着自己喜欢的工作，任自己的才华挥洒得淋漓尽致，抑或是成为众多影迷追捧的super star，不管走到哪里都有鲜花和掌声相伴呢？

……

这样的幻想，会让你的思绪一直漂流，直到漂流到闭着眼睛就可以笑出来。但是，睁开眼睛后，你就应该知道：

这样的幻想，几乎是每个人在孩提时代都曾经历过，但是，20年后的自己，真的会像现在幻想的那样美丽吗？

事实证明，只有很少很少的人，实现了童年时代的梦想。

如果你想实现自己的梦想，那么，从现在开始，你就要记住，行动才会让自己离目标越来越近。就像望着满树的桃子，光流口水是没有用的，只有挽起衣袖去爬树，才能摘取美味的桃子。

因此，留住你的幻想，把握你的行动，要做自己想做的人。

奇妙的幻想旅程

我目前的偶像：____________

我未来的画像：____________

我目前的理想：____________

我未来的职业：____________

我目前的心情：____________

我未来的收入：____________

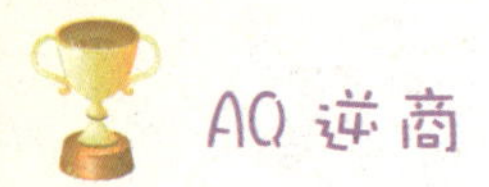

6 心动就开始行动

行动指数测验

是的打“√”，否的打“×”。每个问题都请在10秒之内做出回答。

1 你是不是在打算做一件事情的时候，就是迟迟不肯行动？

2 是不是一边埋怨自己拖延了时间，一边又为拖延找借口？

3 是不是也觉察到拖延时间的害处，可仍在拖延已经决定要做的事？

4 做什么事都一拖再拖，无休止地拖下去，结果一事无成？

如果上面的问题，你有3个以上都打了“√”，那么说明你的行动指数很低，也就意味着你的懒惰系数很高，需要小朋友尽快提高自己的行动指数哦。

小朋友们首先要明白，人的寿命是有限的，但生活是无限的。我们的无穷活力来自于行动——只要从现在起就认真地生活，必然可以活出自己的一片天空。

只有行动起来，精神才会集中于想做好的这件事情上。当然行动的结果，可能是如己所愿，也可能出现波折或发生意想不到的事情，但是这样的体验是最能提升能力的。

让自己行动起来的根源是勤奋。成功之花靠勤奋者辛勤劳动的汗水去灌溉。世上的成功，就是勤奋的成功。当勤奋变成一种习惯，那就很容易实现自己的目标了。勤奋的天敌是懒

惰，你能战胜懒惰吗？

要战胜懒惰，就要有拍案而起的魄力，要有视惰如仇的理智，要有说行动就行动、不拖一秒的果敢，总之，要有一股改变现状的精神。

战胜懒惰的方法

1 从改善环境入手

习惯的养成，往往与长期所处的环境密不可分，因此若想改掉不良习惯，就应该设法将环境中不利影响消除掉。如果清晨抵挡不住被窝的诱惑，就把闹钟放到你不起来就关不掉的地方，等你从床上"噌"地起来后，就发现不回去睡觉也没有那么痛苦了。并且，还有一种能支配自己的小小成就感。

2 用欲望和兴趣激发自己，从而避开诱惑

对能力提升的迫切需要、对成功的强烈愿望、对实现梦想的强烈欲望，最能激发一个人的自控力，并击退种种诱惑，从而克服懒惰。

3 对自己狠一点

也就是做不到时要舍得惩罚自己。比如有种"橡圈弹痛法"：当犯了懒惰的毛病时，立即拉弹预先套在手腕上的一根橡皮圈，使之产生疼痛刺激。这种刺激可以让自己停下目前正在发生的不良行为，也可以在事后让自己长点记性。

做一个乐观、积极向上的人

我们每个人看到的世界是不一样的，因为我们对这个世界的看法和态度千差万别。这主要源于我们的内心世界是那样的富于变化，而且它的复杂程度远远超过世间任何其他的东西。

心灵是自我做主的地方！在心灵里，天堂可以变成地狱，地狱也可以变成天堂。面对玫瑰花，你可以认为“花下面全是刺”，也可以认为“刺上面是花”；面对半瓶酒，你可以想“唉！只剩下一半了”，也可以想“哈哈，不错，还有一半呢”！

……

这就是悲观者的世界与乐观者的世界。

其实，生命就是一连串的选择！对于生命，每天我们都可以有两种选择：享受它，或是憎恨它。这是完全属于我们自己的权利，没有人能够控制或夺去的东西。

来看看下面两条著名的定律吧，仔细想想每条定律所要表达的意思！

麦可斯韦尔定律

1. 任何事情都没有表面看起来那么困难。（看似很难，实则容易）
2. 任何事情都比你预期的更令人满意。
3. 任何事情都能办好，而且是在最佳的时刻办好。

墨菲定律

1. 任何事情都没有表面看起来那么简单。（看似容易，实则很难）
2. 任何事情所浪费的时间都比你预期的多。
3. 会出错的事情就是会出错，而且是在最坏的时刻出错。

小朋友，你的思维方式和看法更倾向于哪一条呢？

如果你倾向于墨菲定律，那么请你赶快把它转换成麦克斯韦尔定律的状态吧。

拒绝诱惑

在美国，心理学院曾做了一个测试孩子们抗拒诱惑力指数的实验。

他们把30个孩子聚到一起，然后给每人一颗糖果，并对他们说：“现在我们要出去一会儿，要是我们回来时谁的糖果还没有吃的话，就会再给他一颗糖果。”

时间一秒一秒地过去了，终于半个小时后第一个孩子忍不住将糖果吃了。接下来很多孩子陆续又做了同样的事。等到人们回来时，只有极少数的小孩没有吃糖，于是按要求又给了这部分孩子每人一块糖果。

研究并没有就此结束，心理学家一直在跟踪观察着那些孩子，直

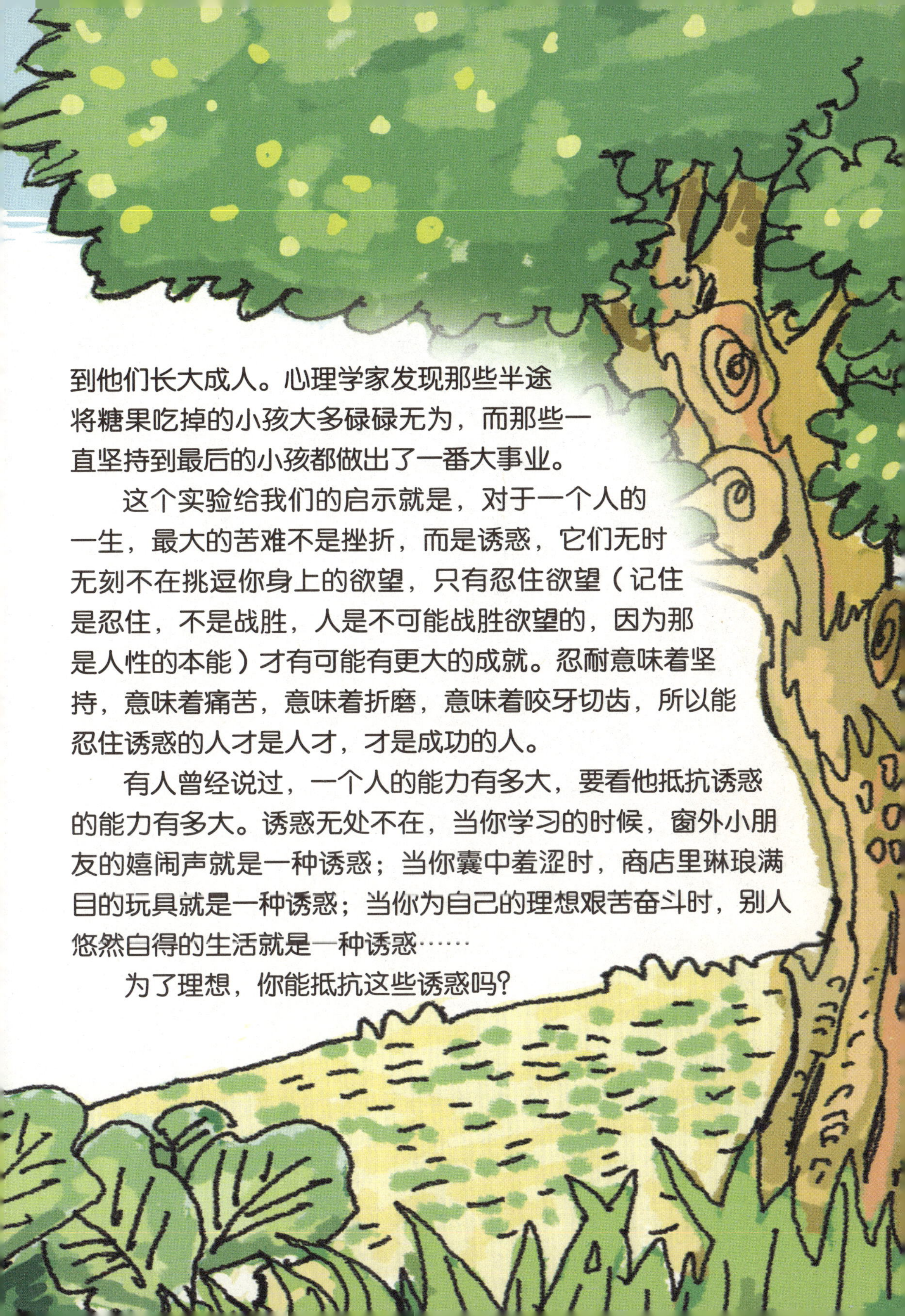

到他们长大成人。心理学家发现那些半途将糖果吃掉的小孩大多碌碌无为，而那些一直坚持到最后的小孩都做出了一番大事业。

这个实验给我们的启示就是，对于一个人的一生，最大的苦难不是挫折，而是诱惑，它们无时无刻不在挑逗你身上的欲望，只有忍住欲望（记住是忍住，不是战胜，人是不可能战胜欲望的，因为那是人性的本能）才有可能有更大的成就。忍耐意味着坚持，意味着痛苦，意味着折磨，意味着咬牙切齿，所以能忍住诱惑的人才是人才，才是成功的人。

有人曾经说过，一个人的能力有多大，要看他抵抗诱惑的能力有多大。诱惑无处不在，当你学习的时候，窗外小朋友的嬉闹声就是一种诱惑；当你囊中羞涩时，商店里琳琅满目的玩具就是一种诱惑；当你为自己的理想艰苦奋斗时，别人悠然自得的生活就是一种诱惑……

为了理想，你能抵抗这些诱惑吗？

9 强健的体魄和坚强的意志力

强健的体魄和坚强的意志力是培养逆商的坚实基础。无论你拥有多么高的智商，如果没有一个好的身体，那就不可能尽情地发挥你所具备的各种潜能。

有关数据表明，和10年前比，现在的小学生体重有了一些增长，但体力却不如以前的学生。不仅如此，肥胖症患者已达到了很高的比例。为什么会产生这些现象呢？很大一部分原因是锻炼身体的机会减少。过去的孩子们喜欢和朋友们在户外活动，这样他们就在不知不觉中进行了锻炼。

各位小读者，如果能按照下面的要求去做，你也能拥有强健的体魄。

1 多喝水

多喝水可以保持胃黏膜湿润，成为抵挡细菌的重要防线。为了确保健康，应尽可能让自己多喝水。上学、外出时背着水壶，车上随时放一瓶水，让喝水成为一个好习惯。

2 足够的睡眠

睡眠不良会让体内负责对付病毒和肿瘤的T细胞数目减少，生病的概率随之增加。专家建议成长中的孩子每天需要8～10小时的睡眠，如果你晚上睡得不够，那么白天可以小睡片刻。

3 多吃蔬菜和水果

很多小朋友容易偏食，营养不均衡会造成胃和消化道黏膜变薄，抗体减少，影响人体防御功能。柑橘类水果富含维生素C，能增加噬菌细胞的数量；强化天生杀手细胞活力；建立和维护黏膜、胶原组织，以帮助伤口痊愈。

4 坚持体育锻炼，增强机体抵抗能力

体育锻炼不仅可以提高人的敏捷性、忍耐力和柔软性，还非常有益于健康。滑冰、跳绳、打羽毛球等运动都可以起到很好的锻炼效果。

为理想搭起桥梁

当你有了理想之后，接下来要做的就是如何为自己的理想搭起一座桥。

对很多小朋友来说，为理想搭桥的工作过于艰难，以致于理想总是在自己的另一端，永远无法企及。

比如，有的小朋友的理想是长大后成为一名医生，但是，对成为一名医生所需要具备的技能不甚了解。每天仍然没有目的地混日子，当然，这样的理想将永远无法实现。但是，按照下面的步骤从具体小事做起，相信，你一定可以到达你理想的彼岸！

步骤1：我下定决心要________________

步骤2：我要实现这个目标的3大理由________________

____

步骤3：为了实现这个大志向，我必须做好哪几件事情

____

步骤4：拟订计划，设定时间表。例如，你可以按照下面表格的样子，给自己设定计划。

时　间	活动安排	完成情况	备　注

步骤5：立即行动，让自己忙碌起来。

步骤6：每天睡觉前做自我检查，给自己的表现打分。

当然，认真地坚持这些步骤并不容易，不过，只要常常检查自己、监督自己，相信你一定能够成功搭起这座桥梁。

找出你喜欢的职业

画家　　**通过创造，把自己的感觉或情感以绘画的形式予以表现的职业。**

梦想长大当画家的小朋友，应当有意识地到画廊、美术馆、博物馆去观摩著名画家的作品，不断提高自己的欣赏水平和鉴赏能力。

建筑师　　**按照各种不同的用途设计写字楼、住宅、店铺等建筑物的职业。**

长大后可以就职于建筑设计所。建筑师不仅要具有数学、美术方面的才华，还要有别出心裁的创新能力。

动漫设计　　**制作漫画电影的职业。**

要具有绘画的天赋，能熟练地使用电脑绘画软件，可以在漫画电影制作、漫画出版、广告等行业领域一显身手。

插图设计师　　**给书籍插画、漫画的职业。**

对于在美术方面有才华和对图书出版感兴趣的小朋友来讲，这是一个值得挑战的职业。在生活中要注意观察人与动物的各种表情、动作，试着把他们描绘出来。

另外，你还可以考虑选择的职业有：

律师、医生、护士、摄影师、造型师、教师、编辑等。去查一查你喜欢的职业需要具备一些什么技能吧。

任何人的一生都不会一帆风顺，也就是说，任何人都要面对各种各样的挫折。挫折是每一个人的必修课，这是一笔巨大的财富，我们要学会抵抗挫折，成为一个在人生路上不断前行的勇者。

第二章

面对挫折

一定要有跑赢别人的勇气

先读一读这个哲理故事：

在辽阔的非洲大草原上，当黎明的晨光刚划破夜空，一只羚羊从梦中猛然惊醒。

“赶快跑！”它想到，“如果慢了，就可能被狮子吃掉！”

于是，它起身就跑，向着太阳飞奔而去。

就在羚羊醒来的同时，一只狮子也惊醒了。

“赶快跑！”它想到，“如果慢了，就可能饿死！”

于是，狮子起身就跑，也向着太阳飞奔而去。

一只是兽中之王，一只是食草的羚羊，等级差异，实力悬殊，但面临的是同一个问题：为了生存而奋斗！

这虽然是一则有关物竞天择、适者生存的自然法则，但其中包含的智慧可以应用在人生的方方面面。

想一想，刚出生的时候，每个人都是一样的。长大后，随着环境的变化，有的会变成狮子，有的会变成羚羊。然而，在这个世界上，每个人所面对的竞争和求生的挑战都是一样的。正如狮子和羚羊，不管你是什么，你都要面对生活的挑战。如果你是狮子，你得为猎取食物而奔跑；如果你是羚羊，你得为躲避狮子的进攻而奔跑。

同样，生活在这个社会里，每个人扮演着不同的角色。但是，不管你以何种身份出现在这个世界上，你都要不断地谋求进步和发展自己，不断地超越对手，并保持优势。总之，想要很好地生活，就得跑得比别人快。

启示秘诀

你一定要有跑赢别人的智慧和勇气，从而不断地锻炼跑赢别人的能力。不管你现在成绩是好还是差，也不管你将来的理想是当科学家还是做企业管理者，从现在开始，每天睁开眼睛的第一件事就是要提醒自己：我要加油，努力向前，否则，我就会饿死或者被吃掉。

坦言与善待

沈从文是我国著名的散文大家，深受读者的喜爱。1928年，他被当时担任中国公学校长的胡适聘为该校讲师。

当时的沈从文已26岁，却只有小学文化，当他带着一身泥土气，闯入了十里洋场的上海后，没过多久，即以一手灵气飘逸的散文而震惊文坛，当时已颇有名气。

但是，名气不是胆气，在他第一次走上讲台的时候，除原班学生外，慕名而来听课的人很多。面对台下满堂渴盼知识的莘莘学子，这位大作家竟整整呆了10分钟一句话也说不出来。后来他开始讲课了，而原先准备好的要讲授一个课时的内容，被他三下五除二地10分钟就讲完了，离下课时间还早着呢！

但他没有天南海北地瞎扯来硬撑“面子”，而是老老实实拿起了粉笔在黑板上写道：“今天是我第一次上课，人很多，我害怕了。”

于是，这样老实的、可爱的、坦率的沈从文，引得全场爆发出一阵鼓舞的掌声……

胡适知道后，评价这次讲课时，对沈从文的坦率，他认为是成功的。

人的一生难免会遇到失败，伟人、名人都留下过许多失败的痕迹，更别说我们这些小人物了，从这一角度而言，失败并不可怕，可怕的是自己不能够对失败有坦率的态度。

坦率地面对失败的前提，需要有光明磊落的胸襟和正视自我的勇气，善待失败应是对自己失败的原因有所了解和总结，从而才有可靠的举措，成竹在胸，这样就不会重蹈覆辙。

只有这样的既敢“坦言”又能“善待”的“失败”才会成为“成功之母”。

沈从文坦然以待第一次上课的失败，找到失败的症结，以后不声不响地做自己的工作，终于能挥洒自如地讲课了。以后他辗转任教各大学，一直备受学生的推崇，这也就为他日后在文学上取得的辉煌成就找到了“成功之母”。

启示秘诀

面对挫折、失败，一定要有一种良好的心理状态，吸取教训，以便再干。坦言失败，永不退却，这才是成功的关键。

做一个活力四射的人

人生最大的幸福，是做着自己感兴趣的事，这其中蕴藏着丰富的创造力和乐趣，这样的人也更容易获得快乐，更能保持积极的心态。

有一位小朋友，不仅对养花养草有兴趣，还喜欢参加国际夏令营，既不胆怯，又不怕语言障碍，玩得过瘾，还交到了朋友。没别的原因，只是因为他对新奇事物充满了兴趣。

因此，人生最大的悲哀，就是找不到自己感兴趣的事。这样，你就会失去原本的活力。

人生是无尽的宝藏。每个人都应该从中挖掘自己的最爱，才不会空手而归。万不可将自己的青春和活力白白浪费。一个人最可悲的是无法充满激情地过日子，活泼的心灵是成长的动力，一个生机勃勃的人肯定会有勇气克服一切困难。

新新人类讨人喜欢的N个原则

原则1：长相不要让人讨厌。如果相貌一般，就让自己有点才华；如果才华也没有，那就保持微笑。

原则2：气质很关键，如果时尚学不好，宁可纯朴。

原则3：不必什么都用“我”做主语。

原则4：坚持在背后说别人的好话，别担心这好话传不到当事人的耳朵里。

原则5：不要把过去的事情全让人知道。

原则6：尊敬不喜欢你的人。

原则7：为每一位上台表演的人鼓掌。

……

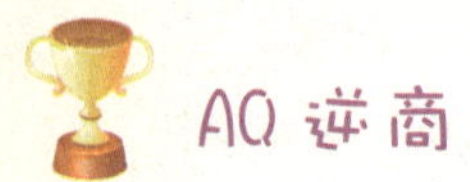

4 换一种思维的智慧

公元前286年，阿纳斯塔修斯陷入了深深的苦恼之中。因为他遇到了一个难题：如何解开柴尔德死结。

曾有神谕说：“能够解开柴尔德死结的人，就是欧洲的君主。”好几个世纪过去了，尽管有无数人都尝试着要解开这个死结，可到了最后都是无功而返。因为那个死结打得太复杂了。

“怎样解开那个死结呢？”阿纳斯塔修斯一边仔细观察那个结扣，一边思考着，却怎么也找不出答案。

一天，阿纳斯塔修斯突然想出了一个办法，“不是说只要能解开这个结扣就可以了吗？”只见他抽出佩刀向那个结扣用力砍去！转眼间，那个结扣就被解开了，他终于如愿以偿地当上了欧洲的君主，成了有名的阿纳斯塔修斯大帝。

如果阿纳斯塔修斯也像那些人一样陷入了固有的思维模式，那他肯定和他们一样，不能逃脱失败的结局。正是因为阿纳斯塔修斯换了一种思维，跳出了要把结扣一点点解开的旧思维模式，才轻易地解决了这个问题。

有智慧的人的共同点之一，就是他们能跳出人们习惯的思维模式进行

创造性的思考。不会进行独创性思考的人，是不可能在任何一个领域里获得成功的。

比如说，一个幽默大师，他每次表演都是毫无变化、千篇一律，观众还能喜爱他吗？

如果你想唤醒沉睡在你体内的智慧潜能，那就抛开“如果不这样，就得那样”的固定观念和套路，用只属于你的个性化创意来解决面临的问题吧。

5 跌倒了，算什么

相信每一个小朋友都有跌倒的经历，其实，在每个人的一生中，都有无数次的跌倒经历，重要的是跌倒后要自己爬起来。跌倒后爬起来的体验，就是一次成功的体验。为你下一次的跌倒提供了免疫力。

你一定听说过林肯吧？他就是美国历史上第16届总统。他不仅解放了黑人奴隶，还领导北方在南北战争中取得了胜利。他提出的“民有、民治、民享”的名言，一直作为民主的真谛而广泛流传。

别以为林肯所取得的成绩是因为一路上有幸运之神的眷顾，其实，林肯是在经历了无数次跌倒、失败后才走上成功之路，成为美国的总统。

让我们来数一数林肯一生中的重大遭遇吧：

▼跟头1：1831年，第一次深深体会到事业受挫的苦涩滋味。

▼跟头2：1832年，在州议会选举中落选。

▼跟头3：1833年，再次投资新的事业仍以失败告终。

▲转机1：1834年，因为锲而不舍，当选州议会议员（成为他从政的契机）。

▼跟头4：1835年，失去爱妻后患上了严重的神经衰弱症，十分痛苦。

▼跟头5：1838年，在下议院选举中落选。

▼跟头6：1840年，在选举人团选举中落选。

▼跟头7：1843年，在下议院的选举中再次落选。

▲转机2：1846年，在下议院选举中获胜。

▼跟头8：1848年，再一次在下议院的选举中落选。

▼跟头9：1855年，在上议院选举中再一次落选。

▼跟头10：1856年，在上议院选举中再一次落选。

▲转机3：终于在美国第16届总统大选中获胜，当上美国总统。

从林肯一生的重大经历来看，他经历了很多次挫折和失败，但他总是百折不挠、毫不妥协。小朋友，当你身处逆境的时候，一定要想一想林肯的经历，一定要鼓励自己像他那样坚定执著。胜利是属于那些永不屈服的人。跌倒时告诉自己：不能哭，爬起来！

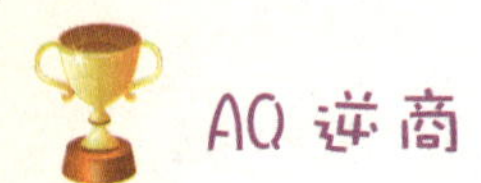

6 原来可以承受

相信所有的小朋友都经历过一些不愉快：不慎失手打碎了妈妈喜爱的一只花瓶，考试没有及格，和好朋友闹了矛盾……这些类似的事情，在当时你的眼里也许都是一件件糟糕透顶的事。但是，在这样的事情过去许久的今天，你是不是发现这些事情根本不算什么，原来自己可以承受。

小说家波克拉曾经认为除了双目失明外，她可以忍受生活上的任何打击。结果，在她50岁的时候，她双目失明了，她依然坚强地活着，后来她曾在自己的一本传记里写到："原来失明也可以忍受。人能承受一切不幸，即使所有感官都丧失知觉，我也能在心灵中继续活着。"

著名的话剧演员波特莱尔也是一个这样达观的女性，她在四大洲各地的戏剧舞台上演出了50多年。当她71岁住在巴黎时，突然发现自己破产了。更糟糕的是，她在乘船横渡大西洋时，不小心摔了一跤，腿部伤势严重，引起了静脉炎，医生认为必须把腿部切除，但又不敢把这个决定告诉她，怕她承受不了这个打击。可是他错了。波特莱尔注视着这位医生，平静地说："既然没有别的办法，就这么办吧。"

手术那天，波特莱尔在轮椅上高声朗诵戏剧里的一段台词，有人问她是否在安慰自己，她回答："不，我是在安慰医生和护士，他们太辛苦了。"

后来波特莱尔继续在世界各地演出，又重新在舞台上工作了7年。

看来，人身处逆境时，适应环境的能力真是惊人。人可以忍受不幸，也可以战胜不幸，因为人有着惊人的潜力，只要立志发挥它，就一定能渡过难关。

7 自我调控

有一个人去一个大公司应聘。面试出来，满面春风，他自认为把握很大，胜券在握。

不料天有不测风云，结果公布的时候他没有被录取，他悲痛万分，羞愧不已，心生轻生的念头，幸好被人及时送到医院才挽回了生命。后来，公司在检查录取工作时发现存在着问题，本来他应该是位居榜首的却未被录取。消息传来该青年非常高兴。

几天后，公司派人来道歉，但更重要的是告诉他已被取消了录取资格。理由是：一个小小的挫折都经受不起的人，是不可能在你争我夺的商界为公司创造财富的！

在现实生活中，有很多像上面那个心理极度脆弱的人，受不了一点点委屈，很多小朋友在一些大型考试中，经常会有头晕、耳鸣的现象发生，甚至，还出现过小朋友自杀的事情。考试时有点紧张属正常现象，如情绪过分低落就要尽快克服这种有害情绪，免得越陷越深，以至超过了自己的心理承受能力，酿成悲剧。

下面几种方法，也许可以提高你对逆境的承受能力。

方法一：找个朋友来倾诉

找个你信任的、谈得来的知己，互相倾诉，把你在逆境中的喜怒哀乐尽情地讲给他听，不让内心存在任何消极、不利的情感和情绪。这种方法其实就是传统心理治疗法里讲的情感宣泄法，把你心中的郁闷、烦恼早早发泄出去，便可以避免因为消极情绪的刺激，而引起的大脑皮层的高级神经活动过程中的兴奋与抑制功能失调。

方法二：自我安慰法

人除了需要别人的安慰之外，自己安慰有时也很重要，当自己陷入了一个困境时，适当地找些说得过去的理由加以宽慰，往往能化解心中的烦恼。不要总是垂头丧气，对自己说说宽慰的话，就能帮助自己走出低谷。

方法三：鼓舞斗志法

当机会从自己手中溜走时，不免有惋惜之情，自责、失落、追悔、消沉等不良情绪便会乘虚而入，搅得你心烦意乱。当机会失去让你悲叹时，你就要尽量缩小因这次挫折带给你的负面效应，从幻想中解脱出来，昨天的机会一去不复返，重要的是去把握新的机会。

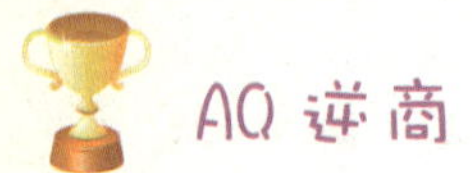

小家伙，大志向

当李嘉诚还是个孩子的时候，有一次，爸爸带他到了汕头的海边。当他看见那些往来如梭的巨轮在海中航行的时候，年幼的李嘉诚觉得这真是一件了不起的事情。于是，他指着大船

对父亲说：“爸爸，我将来也要做大船的船长。”

父亲高兴地对儿子说：“好孩子，真有志向！但是，做一个船长非常不容易，他必须考虑很多问题，思考必须很全面。”父亲把手放在李嘉诚的肩膀上，说：“你看，现在的天气很好，船只在海中航行就比较安全。但是，如果出海后，风暴来了怎么办？作为船长，就得提前想到这种情况，提早做好

一切准备工作。其实做任何事情都要像做船长一样，预先考虑周全，随时准备应付一切问题。”

这样，李嘉诚从小就树立了做船长的目标，并向着这个目标不断努力。虽然，他最终没有做成船长。但是他一直以船长的意识去经营他的公司和人生。他喜欢把自己的人生比做一条船，他曾经自豪地说：“我就是船长，我就是这条航行在波峰浪谷中的船的船长。”

看来，一个人有了志向，人生就有了目标，为此，他就会严格要求自己，当遇到困难时，他也不容易妥协，当然他成功的概率就更高。

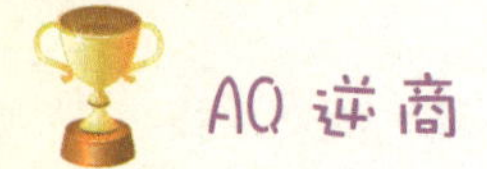

9 挑战极限

数十年前科学家们曾经预言，人类百米短跑的速度不太可能突破10秒的极限。只有在顺风的情形下，借助风力或许才能做到。

一天，一位百米短跑运动员宣称要在奥运会上打破10秒的纪录。听了他的话，很多科学家都来劝他：“世界纪录就是10秒，想打破10秒简直是天方夜谭！”“不要妄想了，如果真的那样的话，你的心脏会因为承受巨大的压力而破裂的。”

但是那个运动员真的打破了10秒的极限！他的心脏也没有出现什么异常的反应。

目前百米短跑成绩突破10秒的运动员已大有人在了，我们遇到别人的质疑时，就要有这种敢于挑战极限的勇气。

因为在我们体内，蕴藏着许多根本无法用科学计算的潜能，但是这并不意味着随便的异想天开就能开发出来。如果想挑战极限，还要记住下面的秘诀：

1 定下你所能实现的目标

不切合实际的目标只会影响你的奋斗欲望，如果现在你只能做20个俯卧撑，从第二天开始一定要做200个的话，结果只能以失败而告终。

2 切忌半途而废

如果定下了要实现的目标，就要为实现梦想而努力。想一想，实现了目标后的情形吧，千万不要碰到了困难就半途而废。

3 坚持不懈地进行体育锻炼

体育锻炼不仅能够提高人的敏捷性、持久力和柔软性，还非常有助于提高自己的心理素质，从跳绳、打羽毛球这些既简单又有意思的运动开始锻炼吧。

10 丰富生活，转移注意力

逆境，有时就像一片乌云，笼罩在一些经历挫折的人的头上。如果你的注意力过于集中在这片“乌云”上，就可能产生不健康的心理定式，甚至有神经质的现象。如何在逆境中、在困难条件下取得胜利和成功，下面将告诉你一些行之有效的方法，你要仔细看，并在你的实际生活中尝试着去做，相信你会产生意想不到的效果。

人一定要正确对待前进中的困难和挫折，既要在思想和能力上重视，更要在心理上藐视，绝不能被它吓倒。成功来自你对所选择的道路由衷的热爱，并肯为它付出一切心力。适时地转移一下自己的注意力，也是一种走向成功的迂回路线。

秘诀1：遗忘处理转移法

生活是不断变化的，人总是在“遗忘一记忆一遗忘”这样一种循环往复中生活的。然而，生活中又确实需要“遗忘”，当你深陷逆境时，不要为自己的思想留有大量时间，应该让自己忙碌起来，使自己在忙碌中遗忘痛苦的事。这样，你就会信心倍增、干劲十足，慢慢地快乐起来。

秘诀2：积极交往沟通法

逆境中的人常有自卑感，他们害怕与人交往，这往往会使自己的处境更加糟糕。因为，人是社会的人，希望得到关心和注意是人类行为的基本动机之一。关心别人，帮助别人满足需要，这样你在他人生活中的重要性就增加了。自然别人也就会来关心你、帮助你，这不仅有利于你沟通感情，促进心理健康，还有利于你自己走出逆境。

秘诀3：娱乐法

当你身处逆境，陷入深深的自我烦恼之中时，不妨通过自我娱乐来解除烦恼，走出逆境。你可以和朋友爬爬山、打打球，也可以在假期里参加一些夏令营或与父母出去旅游，这样可以缓解压力，从而使情绪得到排解。

逆境是成功者的财富，更是一所成功大学。对于那些在困难面前低头的人，逆境也是最好的借口。人生就是这样，总是会遇到意想不到的困难，小朋友们也不例外。因此小朋友能不能突破逆境，在很大程度上决定了你的成败；而你对逆境是否有正确的认识，就成为你突破逆境的关键。

第三章

认识能力的培养

1 提升自我保护能力

在我们成长的过程中，总会不可避免地遇到一些突发情况或者危险，比如和同学去野外宿营后不小心走散，或者在放学回来的路上遇到不法分子的勒索，或者父母出差时自己在家却不小心染了感冒……

这些突发情况不一定每一位小朋友都会遇到，但是关键问题是，一旦遇到后，你该怎样处理？如果处理得不够得当，你可能就会遇到很多危险，因此提升自己的保护能力，可以避免一些灾难的发生。

怎样应对恐怖情况？

1 当你看见一只动物好像被你杀死了的时候，不要靠近它去查看它是否真的没命了，因为它会突然袭击你。

2 在偏僻地方时不要接受陌生人的邀请。

3 不要去地下室，尤其是一片漆黑、电话也没有信号的地方。

怎样独自在野外生存

1 寻找水源是第一要务。要想活得更长久，你可以缺少食物，但不可以缺少水。你得找一个靠近水源的地方安营扎寨，但是不能靠得太近，因为野生动物会寻水而聚。

2 找一堆干木头生火，你也可以利用树皮，甚至是风干的动物粪便。要想在晚上保持温暖，可以拿石头在火堆上烤热，埋在地下，晚上睡在上面。千万记住不能让火堆熄灭，旁边要随时准备好一堆潮湿的树叶。如果听到飞机飞过头顶的声音，把湿树叶撒在火堆上可以冒出一股烟，以吸引飞机上人们的注意。

3 搜集食物的时候一定要加倍小心，不要被毒蘑菇诱惑，浆果也是很危险的，一般来说，大多数白色和黄色的浆果都是有毒的，而蓝色和黑色的浆果则大多无毒。

提升自我保护能力的秘诀

1 记住父母的姓名、家庭住址，记住父母的工作单位、电话号码等。

2 认识一些药品，了解一般常识，会辨认一些常用药品，如感冒药、创可贴、清凉油等，并了解这些药品的用途、用法以及误吃的危险性。

3 了解一些家用电器的用法。要知道冰箱、电视机、燃气灶、热水器等家用电器一旦使用不当，会酿成大祸。

懂得珍惜财富

大多数人都希望自己成为一个拥有丰厚财富的人，但是拥有财富却需要一个创造的过程，如果没有经历这种过程而一夜暴富，他们的人生结局往往并不是太好。

据调查结果显示，在中彩票一夜暴富的人中，有许多人是在贫穷痛苦中走完人生最后一程的。乍一听，这有点让人费解，本来中奖就像天上掉馅饼似的，这样的幸运儿应该是生活得非常幸福才是，怎么会在不幸中走完人生的旅程呢？

其实这正是验证了中国的一句古话：“积钱犹如针挑土，花钱犹如水推沙。”因为这些一夜暴富的人不懂得珍惜财富，他们大手大脚地花掉毫不费力就得到的钱，最终酿成了悲剧。

国际知名连锁集团沃尔玛的创始人山姆·沃尔特，是位居世界顶级富豪榜前茅的人物。在他获得巨大成功后，仍然没有忘记艰苦创业的艰辛——每天中午只吃一个汉堡，也就是40美分就可以够他吃一顿午餐。

有一次，山姆·沃尔特拿到服务生递过来的午餐时，发现账单被误打成了50美分。他立即叫来了服务生，要求他马上改过来。那个服务生不可思议地说：“如果我像您这么有钱，才不会这么计较这10美分呢。”

听了服务员的话，山姆·沃尔特回答说：“如果你懂得珍惜10美分的话，就不会到现在这个年龄还在这里做服务生了。”

通过上面的故事，我们可以得出一个结论：要学会珍惜每一分财富。

很多小朋友从小就有花钱大手大脚的习惯，对于父母给的零花钱不懂得珍惜。这样的孩子长大后，必然会吃不得苦，创造不了更多的财富。

珍惜财富的方法

1 管理好零花钱的开销

比如，准备好一个零花钱记账簿，每天看着一笔笔钱的支出，就会刺激你储蓄的欲望。

2 节约能源

比如节约用电、用水和煤气等。小朋友可以和父母谈一笔交易：自己监督节约能源，把节约下来的能源费用给自己。

3 遏制自己的消费欲望

当你和父母逛街的时候，不妨做一个“消费计划”，把需要的物品写下来，计划中没有的，坚决不买。并且养成一种习惯。

啧？他们曾是差生

爱因斯坦被公认为世界上最聪明的人，甚至很多人都推测像爱因斯坦这样的天才，他的大脑和常人的大脑结构肯定不一样。

可是，你知道小时候的爱因斯坦是什么样子吗？

爱因斯坦小的时候是个连话都说不清楚的笨孩子，更别说什么超常天分了，考试成绩几乎总是倒数第一。老师甚至写下

了这样的评语：“这个学生以后不论从事什么工作，获得成功的概率几乎为零。”

看到这些，谁会想到一个成绩这样差、这样不被老师看好的学生，后来竟能获得举世瞩目的诺贝尔奖呢？

因此，小朋友，如果你的文化课成绩不太理想也不要太着急，更不能自暴自弃。因为一个人一时的成绩不代表一世的成绩，在校期间的成绩不会决定他一生的成败。

还有英国前首相撒切尔夫人，在学校的成绩也是一团糟，特别是她的拉丁语和数学课程，基本上就是交白卷。可是，她日后居然会成为执掌英国财政大权的财务部长。

不过，小朋友，看到这以后，也不要沾沾自喜，认为自己成绩不好没什么大碍，大可不必放在心上了。这样的话，你就又犯错误了。刚才我们这是看到这些成功人士的一个方面，我们还要看到他们的另一些特点：

1 尽管他们在学校的时候成绩不理想，但是都有自己的一技之长。

2 不管别人怎么说，坚持走自己的路，不气馁。

3 为了开发自己的潜能，付出了非比寻常的代价和努力。

4 给自己许个未来的期望

一天，乔丹正在参加一场篮球比赛。上半场结束，两队球员中场休息，这时当时一位著名的篮球教练指着乔丹说：“我看，这个孩子日后要成为咱们美国最棒的运动员哩！”

小乔丹把这位教练的话深深地埋在了心里。

在以后的日子里，他只要遇到困难总是用那位教练的话来激励自己。终于经过努力，乔丹取得了一个篮球运动员所有的荣誉：一个集优雅、力量、艺术、即兴能力于一身的卓越运动员，并重新定义了NBA超级明星的含义，他是公认的全世界最棒的篮球运动员，不仅仅在他所处的那个时代、在整个NBA历史上乔丹都是最棒的。

一次，已经率队得过无数次冠军的乔丹找到了那位教练

那孩子会成为最棒的篮球运动员！

问："教练，那时您怎么知道我会是美国最棒的篮球运动员呢？"听了乔丹的话，那位教练丈二和尚摸不着头脑。等乔丹叙述完事情的原委，教练却告诉他，那时他指的孩子不是乔丹，而是另一个站在他身边的男孩。

原来，在我们的内心里，每一个人都有一个不愿意让别人的期待落空的愿望，也不愿意放弃内心深处对自己的期望。那么，你能把蕴藏在你身上的潜能发挥到什么样的水平呢？给自己许一个未来的期望怎么样？比如说"我日后肯定会成为一个什么样的人"之类的预言。

给自己许个未来的期望

我日后肯定会成为一名优秀的运动员：为了这个期望，我在小学的时候就应该有意识地向这方面发展。如果想成为一名职业运动员，除了有一技之长之外，还要付出辛勤的汗水以及具备出众的耐力和极强的获胜欲。

我日后肯定会成为一名一线记者：为了这个期望，我必须找到我所擅长的领域，如体育、政治、健康、教育等。这个职位还要求我能巧妙地提出一些有利于别人回答的问题。

我日后肯定会成为一名卓越的CEO：为了这个期望，我就要锻炼自己具备卓越的领导才能和出众的经济头脑。以便日后对员工的工资以及公司日常收支情况的全盘负责。

我日后肯定会成为一名出色的经济学家：为了这个期望，我要有较高的经济学历，要好好学习概率、统计等数学方面的知识。尽管经济学是一门比较高深的学问，但择业范围广泛，可以从事银行业、保险业、零售业、经营管理等方面的工作。

5 正确面对失败

知道美国的企业招聘员工的时候非常看重什么吗？答案是是否能接受失败。他们在招聘新人时，并不十分看重学历，而会比较偏重一些特质，比如，在学校里参加过什么业余体育团队。

美国很多学生都在学校加入曲棍球队，课余时间，父母经常在傍晚去看孩子们练习，一方面可以增强孩子们的团队精神，另一方面还可以锻炼一种品质：能够接受失败。

因为在体育比赛里，冠军永远只有一个，所以大部分人辛苦训练了半天，在运动场上拼搏了半天，可到最后都变成了陪衬，不得不和团队的战友们一起接受失败的结果。

很多小朋友都有这样一种心态：失败很可怕，要不惜一切代价避免失败。

其实，这是一种会让自己陷入痛苦的误区，你要知道，每个人都拥有平等的机会，没有一个人注定要过一种失败的生活，也没有一个人注定要过一种一帆风顺的生活，任何事情，都有可能失败，要敢于接受失败，并从失败中领悟到一些知识，总结出一些经验教训，这样才有可能抓住攀登成功的梯子。

如何反败为胜

美国成功学家哈罗德·雪曼写过一本书，名叫《如何反败为胜》，他在书中列出了八种方法，小朋友们请把它记住：

1　只要我坚信自己正确，我绝不放弃。

2　我深信，只要我坚持到底，一切都会迎刃而解。

3　在逆境中我会充满勇气，绝不气馁。

4　我不允许任何人用恫吓或威胁使我放弃目标。

5　我会竭尽全力克服生理障碍与挫折。

6　我会一而再、再而三地努力做我想做的事。

7　知道了成功的人士都曾失败和与逆境搏斗之后，我会获得新的信心和决心。

8　无论我面临什么样的障碍，我绝不向失望与绝望低头。

6 培养自己的独立精神

俄国著名文学家屠格涅夫曾经说过：“你想成为幸福的人吗？但愿你首先学会吃得起苦。”

小朋友们，你能明白其中的道理吗？想必很多小朋友还都不曾经历过风吹雨打，成长的环境如同温室，父母把我们的一切安排得妥妥当当，而我们也已经习惯了有人照顾、有人爱护的日子。这样娇惯的结果是，当我们长大后，对挫折一点儿免疫力都没有，这样的人很难成就大事，也很难获得快乐。

我们一同来看看国外小朋友是怎样成长的：

美国：美国南部的一些州立学校特别规定：“学生不带一分钱，必须独立谋生一星期才能予以毕业。”通过这种吃苦训练来培养学生的独立生存能力，条件看似苛刻，但学生们却受益匪浅。

德国：德国的相关法律规定，孩子到14岁就要在家里承担一些家务劳动，比如打扫卫生等，这样做，不仅可以培养孩子的劳动意识，还培养了孩子的吃苦精神和社会责任感。

瑞士：一些瑞士的孩子在中学毕业后，就去有教养的人家当一年的佣人，上午帮工，下午上学。这样做一方面可以锻炼劳动能力、吃苦精神，另一方面还有利于学习语言。因为在瑞士有两个语言区——德语区和法语区，所以一个语言区的孩子通常会到另一个语言区的人家当佣人。

日本：在日本，一些孩子从小就树立了一种意识："除了阳光和空气是大自然的赐予外，其他的一切都要通过劳动获得。"因此，在日本很多中小学生在课余时间都出去劳动赚钱，勤工俭学的大学生更是非常普遍——他们通过在饭店做服务生、在商店做售货员、做家教等工作来赚取学费。

当你看到别的国家的小朋友是这样长大的，你有没有感觉到在同样的年龄段里，他们比我们做了更多的事呢？以上都是发达国家小朋友的成长经验，我们作为发展中国家的未来希望，是一定要迎头赶上的。

安逸背后的危机

在芬兰有一道传统美食，叫做“水煮青蛙”。我们没有吃过这道菜，不知道味道如何，但据说这道菜的烹制过程是相当有趣的。

顾客入席后，服务生就会把燃气炉和锅摆在餐桌上，然后再往锅里倒入温水并放入活蹦乱跳的青蛙。如果这时水温过高，青蛙就会被烫得一下子从锅里跳出来，所以做这道菜的窍门就在于刚开始时倒入青蛙喜欢的温水。这样一来，青蛙就会以为是在池塘里，乖乖地把肚皮贴在锅的底部，怡然自得地待在锅里享受温水的沐浴。

为了不惊动青蛙，厨师在注入温水后，用文火慢慢地给锅加热，所以青蛙丝毫察觉不出危险，就这样安然地、慢慢地被煮成了熟食。

看完这段文字，你是不是觉得很可怕呢？在生活中这样的安逸危机处处可见，比如你在学校里成绩不错，父母也常常因此而夸奖你，时间长了你就会认为“我已经很优秀了”。这时，你很可能就失去了学习的紧迫感，这样很可能就会在一个位置上停滞不前，这和锅里的青蛙不知自己大祸临头是同样的道理。

启示秘诀

安于现状是一种很危险的状态，它会让你失去斗志，在自我安逸中慢慢迷失自己，让对手超越自己。时刻保持清醒的头脑，看清楚安逸背后的危机，为不断超越自己而努力才是最明智的选择。

认识逆境的意义

一个人的成长过程就像一棵树一样，总有风雨的陪伴，也会有枝枝丫丫的烦恼。

如果一个人很脆弱，不敢面对逆境，他就会畏缩着不再生长，而如果他坚强、勇敢，他就无畏暴风雨的侵袭，在风雨中、阳光下，成长得越来越茁壮。

谁都不可避免陷入困境，包括小朋友们，问题是，陷入困境的时候，用怎样的心情去面对。快乐是人们最宝贵的财富和能力，它促使人们去面对逆境所带来的痛苦。

冷静下来想一想，有谁不是在欢乐中承受着痛苦，又在痛苦中寻找快乐呢？有谁不是一边受伤，一边学会坚强呢？

法国前总统戴高乐曾说：“困难，特别吸引坚强的人。因为他只有在拥抱困难时，才会真正认识自己。”

小朋友们要明白，遭遇逆境，更能锻炼自己的意志，更能让我们明白感恩和珍惜幸福，所以，身处逆境，我们不要悲观失望，也不要灰心丧气，把逆境当做一种机遇，养成不畏惧苦难的品格。

逆境的意义

意义1：逆境让我们更坚韧

逆境既能让一个人毁灭，也能让一个人获得成功。毁灭的人是弱者，而成功的人则是有坚韧品质的强者。

意义2：逆境能增强我们挑战自我的能力

日本著名作家山本曾经说过：年轻时没尝过苦水的人，不能成长。我把"辛苦"当做我的老师。

意义3：逆境教我们学会更好地做人

当我们身处逆境的时候，我们会真正地感受到父母的不易和艰辛，就会更加珍惜现在拥有的一切，就会自觉地去努力生活和学习。

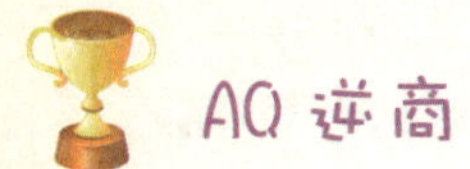

9 里根的简历

我想，小朋友们都听说过里根吧？没错，里根就是美国历史上第40任总统，他带领美国走出了70年代经济持续衰退的阴影，恢复了美国的信心。并培养了信息产业，为克林顿时期的经济奇迹作出了重要贡献。成为了美国人心目中优秀的总统。

也许你会心里犯嘀咕：人家里根天生就是一个了不起的人物。可事实上，里根经历了无数次自我超越才有了那些成绩，成为美国总统的。

让我们来看一看里根的履历表吧。

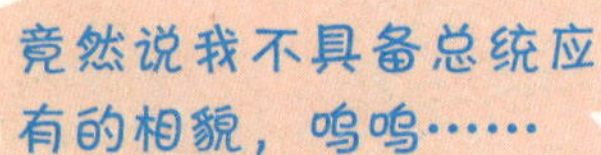

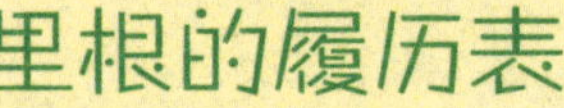

里根的履历表

◎ 1933年，开始从事体育播音员工作。在之后的5年，他的播音事业蒸蒸日上，但是里根并不满足。

◎ 1937年，经人推荐，他在一部《空中的爱情》的影片中扮演一个角色，踏上了演艺生涯。在演艺生涯中他共拍了64部影片，在1941年“最有希望的演员”评选中获选。

◎ 1964年，在试镜拍摄《最好的男人》影片中的总统时落选。导演的理由是：“里根不具备一名总统应有的相貌。”但是，这没有妨碍他走上政坛的决心。

◎ 1966年，里根竞选州长成功。
◎ 1971年，里根连任州长。
◎ 1980年，69岁的里根当选了美国第40任总统，实现了从平民到总统的梦想。

从里根的履历表中可以看出，他是一个不满足于现状、敢于突破自我、追求卓越的人。小朋友们，当你身处安逸时，千万不要不思进取，不要刚刚取得了一点成绩就开始满足现状，你要相信自己身上还有无限的潜能，还可以将事情做得更好。只有不断突破自我、追求卓越的人，才能成为一个真正成功的人。

让自己不断追求卓越的方法

1. 让自己不断追求的尽善尽美。
2. 让自己相信奇迹，不断渴望创造奇迹。
3. 不给自己的心灵设限，要尽力而为。
4. 把观念中的“不可能”变为“可能”。

10 透过苦难看到的

一个年轻人来到城市打工，不久因为工作勤勤恳恳，老板便把手下的一个分公司交给他打点。

这个青年将这个分公司管理得井井有条，业绩直线上升。有一个外商听说之后，想同他洽谈一个合作项目。当谈判结束后，年轻人邀请这位蓝眼睛黄头发的外商共进晚餐。

这顿晚餐没有丰盛的美味佳肴，只是简简单单的几个地道的特色小吃，吃到最后，还剩下两块薄脆饼。他对服务小姐说，请把这两块饼给我打一下包，我要带走。外商当即站起来

让我们一同敬她老人家一杯！

表示明天就同他签合同。

第二天，老板设宴款待外商，席间，外商轻声问年轻人：“你受过什么教育？”年轻人回答说：“我家很穷，父母不识字，他们对我的教育是从一粒米、一根线开始的。父亲去世后，母亲辛辛苦苦供我上学。她常教育我说一定要做好自己该做的事……”在一旁倾听的老板和外商都很感动，端起酒杯激动地说：“我们共同敬她老人家一杯，她让你受到了人生最好的教育。”

启示秘诀

一个人吃过苦，便懂得珍惜；一个在贫寒中长大的人，不会不知道节俭的重要；一个自小就知道努力做事的人，不会不对自己和他人负责……

贫穷并不可怕，可怕的是人在贫穷中什么也看不到，什么也学不到，并进而失去自己的信心。

据研究显示，很多人身处逆境的时候，都会有孤独、无助的感觉。如果这种负面的情绪不能很好地宣泄，将不利于自身突破逆境。但拥有良好合作力的人，则较容易摆脱这种低落的情绪。因此，提升合作力，是我们走出逆境的一个有效秘诀。

第四章

懂得合作

1 做一个谦虚的人

我国著名画家齐白石老先生就是一个非常谦逊的人，在20世纪20年代，他的绘画技艺已经达到炉火纯青的地步，但是在艺术上不断追求的他，对于别人的意见总是非常重视。

陈师曾在当时也是一位才华横溢的大画家。一天傍晚，他登门拜访齐白石，齐先生非常高兴地连忙拿出平时所做的自己比较满意的作品，并且谦让地请陈师曾指正。陈师曾看后，对齐老的画大加赞赏，但是随后又说："你若能在此基础上另辟蹊径，变更画法，形成自己的风格，那就会更加完美了。"齐先生听后感动得连连点头，感谢陈师曾的肺腑之言，表示过去画画都是效仿前人，现在决定大变，即使卖不出一张，也绝不后悔。

果然，自此以后，齐白石先生苦苦钻研琢磨，以求创新。到1929年，年过花甲的齐白石老先生，经过十年艰苦探索，终于走出了一条突破自己、超越前人的艺术新路。

通过上面的故事，我们可以看出，要想取得成功，就要谦虚、谨慎地学会与他人沟通、与他人合作。要知道每个人都有他独特的一面，只有相互交流才能达到取长补短的效果。

小朋友们，我猜你一定也做过一些了不起的事情。比如在学校拿了什么大奖，这时候，请不要说："哇，我就是个天才嘛"，而要谦虚地说："不过是运气好而已"，这样你的朋友肯定会为你开心的。因为和目中无人相比，大家更喜欢与谦逊的人交往。

怎样让自己和别人更好地交流呢？

1 养成有礼貌的好习惯

无论待人还是接物，你要懂得语言的客气能体现出内心的尊重，如果你不肯尊重别人，别人就不可能和你心平气和地交流。尊重别人是交流的前提，即使你说错了，他们也会用鼓励的目光支持你。

2 注意说话的语气

当你和别人讨论问题的时候，要注意自己的态度，如果你态度好，别人就会喜欢你，你也会因此交到很多好朋友。请教问题不会丢面子，反而会使你多了很多好朋友。

3 寻找共同的兴趣点

两个人能否愉快地交流，就看你们是否找到了共同的兴趣点。多动脑筋，你就能从彼此的兴趣爱好中找到共同的话题。

和不同性格的人融洽相处

一个想做领导的人，必须会协调各种关系，让你领导的成员发挥出最大的优势。小朋友，你有没有当班干部的经历?

你有没有看过《十五少年漂流记》呢?书中写到，船触礁后，大家非常惊慌，不知怎么办才好。就在这个紧要的关头，一个叫伯里安的少年发挥了他优秀的领导才能，带着孩子们安全地登上了无人岛。

在这十五个孩子中，既有一二年级的小孩子，也有五六年级的大孩子，伯里安是怎么领导这些年龄不同和性格不同的孩子们的呢?

他不是用“好啦，你们都要听我的指挥”的僵硬方式做到这一点的。而是运用了自己的智慧，与其他的孩子们一起相互配合，才在无人岛上共同化解了各种危险。

你知道怎样才能像伯里安那样与各种不同性格的孩子们友好相处吗?

小朋友们要记住：和别人交谈的时候，要谈双方都感兴趣的事物，否则，只谈你想说的事物，对方就会感到厌烦，不想再与你谈下去。当有不同的意见时，要委婉地提出来，不要大声争吵，甚至指责攻击。

人际关系智能训练

1 不要把同伴局限在与你的年龄相仿的范围，尽量扩大同伴的年龄范围，学会与各种年龄的朋友相处。
2 交朋友不要局限于同伴的性别。
3 尽量多参加一些课外活动，多创造一些能和大家一起活动的机会。
4 多结交一些与自己有相同爱好的孩子。

与人交谈的技巧

1 谈话的内容不仅自己感兴趣，更重要的是使对方感兴趣。
2 认真地倾听对方说话。
3 当对方说到他人的隐私时，要拒绝参与讨论。
4 不要一直说“我怎么样”，可以多问几次“你觉得呢”“你的想法呢”
5 不要用毫不相关的问题打断别人的谈话。
6 讨论问题时，不可以愤怒地争执，更不可以互相指责攻击。
7 不要侵犯别人的隐私，不要在背后谈论别人的伤心事或坏行为。
8 与老人说话时，最好走到身边。
9 不要一直重复同样的话，更不要添油加醋、故弄玄虚。

释放你的内心感受

小朋友，你有没有经常对父母说过“妈妈，我爱您”、“爸爸，您辛苦啦”这样的话呢？

如果没有，今天就不妨说一回试试。你父母的表情一定会有一些变化，而且会非常的开心。知道为什么吗？因为你把内心的情感释放出来了，而父母会因此而感到很欣慰。

也许你会觉得这样做让你很难为情，你更喜欢把你的情感放在心里。但是，据一家研究机构的调查显示，能把自己的情感坦白、准确地表达出来的人，和做不到这一点的人相比，前者会拥有更好的人际关系；能够坦诚地表达自己情感的人，在社会上获得成功的概率也会比常人更高。

梦想着以后要做CEO的小朋友，不要坐等别人来了解你的心情，而应主动把你的想法和情感坦诚地表达出来。

如果你不开心，就告诉人家你为什么不开心；如果你很感激别人为你提供的帮助，你也要把你的谢意恰当地表达出来。包括你的父母为你提供的一切，千万不能认为父母为你做的一切都是理所应当，也不要觉得和父母表达谢意很难为情。因为我们简短的一句话，可能会让父母高兴一整天，那我们何乐而不为呢？

当你的感情得到释放，你的性格也在潜移默化地受着影响，你会变得更加乐观和懂得感恩。这样的孩子没有理由不受欢迎。

释放内心感受的训练

1.请你记录一下下面的内容：

(1)这几天的情绪：

(2)最让你失望（伤心）的事：

(3)最让你兴奋的事：

(4)你完成的最大的事情是：

(5)你都和哪些朋友沟通了：

(6)你处理事情的最好办法：

(7)作息时间有过大的改动吗：

(8)你是怎么控制自己情绪的：

(9)你学到了最新的知识是：

(10)你生气（或不高兴）的次数：

2.挑选上面10个问题和答案中的几件事，重新做一遍，看你能不能做得更好。

4 学会控制自己的情绪

在美国的历史上，艾森豪威尔绝对是一个充满戏剧性的传奇人物。他曾获得很多个第一：

第一快：在美军历史上，共授予10名五星上将，艾森豪威尔是晋升得最快的一个；

第一穷：艾森豪威尔小时候出生在一个非常贫穷的家庭里；

第一任：他是第一个担任北大西洋公约组织盟军最高统帅；

第一人：他是美军退役高级将领担任哥伦比亚大学校长的第一人；

第一大：他的前途是第一大——唯一一个当上总统的五星上将。

小朋友，你知道成就这个戏剧性人物的关键因素吗？原来奥秘来源于一次刻骨铭心的经历。

在艾森豪威尔10岁时，他的父母让他的两个哥哥在圣诞节前去远足，却坚决不同意他去。

艾森豪威尔感到十分愤怒，难以控制自己的情绪，他冲到屋外，捏紧拳头在苹果树上猛击。他一面哭，一面打，双拳血

肉模糊都没有感觉。

最后艾森豪威尔被父亲拖到屋中，但是，并没有呵斥他。

这时母亲进来给他涂上止痛药，并给他扎上绷带，但是母亲也没有安慰他。又愤恨又恼怒的艾森豪威尔又倒在床上大哭了一个小时。直到他平静后，母亲才进来对他说："能控制自己情绪的人要比拿下一座城市更伟大。发怒是自我毁灭，是毫无用处的，需要好好克服。发怒会让你的心胸变得更加狭窄。"

母亲的告诫深深印在了艾森豪威尔的心中。76岁时，艾森豪威尔写道："我一直深刻记得那次谈话，把它当做我人生中最珍贵的教训之一。"

现在你应该知道，自我控制是一个人内在的力量，也是衡量一个人是否强大的准则。一个能控制自己的人，才能严于律己，宽以待人，才能成就大事。

当一个人遇到不如意的事情或遭遇突发事件时，比如考试没有考好、和小朋友闹了别扭等，往往会表现出情绪不稳定，或者大喜大悲，或者做事不考虑后果，容易冲动发怒。但是如果从小就有意识地训练自己，知道应该怎样去正确释放自己的情绪，才能真正地让自己心胸变得宽广起来。

5 试着“走出去”

小朋友们有没有观察过在笼子里养大的鸟和在野外长大的鸟的区别呢？野外长大的鸟多了一些锐气，而在笼子里养大的鸟已经习惯了笼子里的生活，即使打开笼门都不愿飞走。请你想一想，你现在是不是正在父母为你编织的鸟笼里享受着安乐的生活而不愿“走出去”呢？

总是不愿“走出去”的后果就是长大后缺乏合作力，因为良好的合作力可不是在某个早晨醒来后突然形成的，培养良好的合作力，需要从小积累各种不同的经验。

你可能很熟悉“井底之蛙”的含义，它是用来比喻那些生活在一个非常狭窄的空间中、对外界事物知之甚少的人。人在幼年时期知识都是非常有限，随着年龄的增长和各种学习的积累，我们的知识和能力会不断增长。但我们不可能一辈子生活在父母的羽翼下，因此要培养自己的独立能力，勇敢地“走出去”，多参加一些社会实践活动，在“社会”这个大舞台上积累经验，增长才干。

“走出去”的方法

1 为父母做些力所能及的事情

别以为做个好孩子就是乖乖听话，从小就养成为父母分担家务的习惯，不但不会影响学习，还可以锻炼自己的能力。比如，帮忙倒垃圾，跑腿买东西，给街坊邻居捎个话等。你可不要小瞧这些事情，通过不断做事的过程中，你会慢慢明白如何根据环境或者事情的变化采取相应的对策，还可以提高你的适应能力和合作性。

2 经常出去旅行

你可以周末同小朋友们去爬山。在这个过程中你可以学会判断事情的轻重缓急以及应对紧急情况的方法。即使再累，也不要退缩，你必须坚持到底，因为这是培养你耐心、增强你耐力的好机会。另外在登山路上和小朋友们聊天、合作，还可以学会与人和睦相处。

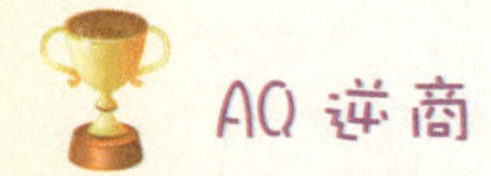

理解“我们”这个词的含义

当你长大成人后，一定会走上自己的工作岗位。无论你从事什么样的工作，都要和其他人组成一个团队，一起去完成一项工作。所以说，“我们”就是这个团队的名字。

以团队的形式合作完成工作具有很多优势：

TOP1：可以轻松地解决比较困难的问题。

TOP2：成员之间可以互相帮助和鼓励。

TOP3：可以体味一起战胜问题的喜悦。

不过，这是你们和谐相处的情形，如果关系处理不好，那就会影响你们的成绩，严重时，没准会让你们之前的努力功亏一篑。

如果我们想要获得成功，就必须处理好这种团队的关系。但是在小学阶段，我们该怎样培养这种社会性呢？答案很简单，就是要和小朋友和谐相处。不过，和小朋友们友好地和睦相处并不是一件很容易的事，因为每个人都存在性格上的差异，想法也不会相同。

尤其是需要和同学竞争的情况时有发生，你该怎么做呢？

温情提示：无论何时都要记住“我们”这两个字，“我们”就是团队的名字，无论是谁都不可能在这个世界上独立生存。

和谐性能测试

1 能和朋友们友好相处。（yes / no）
2 能很好地遵守朋友之间的约定。（yes / no）
3 能很容易与陌生的小朋友打成一片。（yes / no）
4 即使在很多人面前也可以表现自如，不紧张。（yes / no）
5 在任何人面前都可以把自己的想法表述清楚。（yes / no）
6 一般来说，你属于很开朗的性格。（yes / no）
7 在学校里，担任过班干部。（yes / no）

如果你在上面的七项当中，至少有五项选择了yes，那么，恭喜你，说明你的和谐性非常好。

如果不是这样，那你就要花些精力来培养这方面的能力了。

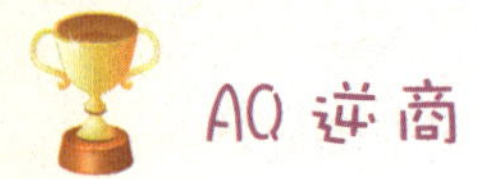

唤醒老虎的豹子

在秘鲁的国家森林公园，生活着一只世界上濒临灭绝的美洲虎。秘鲁人为了保护这只虎，精心为它设计和建造了豪华的虎房，好让它自由自在地生活。这只美洲虎生活在这里简直犹如天堂一般：林木茂密，绿草芳菲，沟壑纵横，流水潺潺，并有成群人工饲养的牛、鹿、兔等供这只老虎尽情享用。

大家不约而同地认为，如此美妙的环境，这只美洲虎一定会越发的雄姿勃发的。然而，出人意料的事发生了，这只美洲虎只是天天耷拉着脑袋，睡了吃，吃了睡，一副无精打采的“熊样”。于是，政府又通过外交途径，从哥伦比亚租来一只

母虎与它做伴，结果这只美洲虎还是依然如故。

一天，一位动物学家来公园参观，看到美洲虎那副懒洋洋的样子，便对管理员说，老虎是森林之王，在它所生活的环境中，不能只放上一群整天只知道吃草、却不懂得猎杀的动物，要放一些烈性动物与它共存，否则美洲虎是无论如何也提不起精神来了。管理员听了动物学家的话，不久便引进了几只美洲豹投放虎园。这一做法果然奏效，自从美洲豹进园那天起，这只美洲虎再也躺不住了。它每天不是站在高高的山顶愤怒地咆哮，就是如飓风般俯冲下山冈，老虎那刚烈威猛、霸气十足的本性被重新唤醒。它又成了一只真正的老虎，成了这片广阔的虎园里真正意义上的森林之王。

原因何在呢？很简单，因为一种动物如果没有了对手，就会变得死气沉沉；同理，一个人如果没有了对手，就会甘于平庸，养成惰性，最终导致庸碌无为。有了对手，才会有危机感，才会有竞争力；有了对手，才知道自己所面临的挑战和压力；有了对手，才有了超越自我的一切力量和勇气。

小朋友们，想要自己更加强大，就要为自己找一个有力的对手激励自己哦！

保持朋友之间的友好往来

随着小朋友们的交往日渐频繁，小朋友之间互相去家里做客也成了友好往来的一种重要方式。有机会把小朋友请到家里来做客，或者常去小朋友的家里坐坐，可以提高你和小朋友们和睦相处的能力。

从某种角度来讲，这种处理人际关系的能力比简单地学习更为重要。良好的人际关系是一个人获得成功的关键。

请朋友来家里做客时

1. 首先要把屋子收拾干净整齐。
2. 如果需要换鞋，就准备好足够的拖鞋，放在门口。
3. 准备好和来访人数一样的杯子。
4. 当门铃响后，要赶快开门，并热情地欢迎客人。
5. 将客人引领到座位上。把准备好的杯子拿出，往杯子里倒客人喜欢喝的饮料。请客人先歇一会儿，来缓解路上的疲劳。
6. 当客人休息片刻后，再去做你们约好的事情。

小朋友，记得下次有朋友来做客的时候，这些事情不要再让妈妈来做了，一定要自己来亲自做好。另外，你还要尽量表现得很细心，例如，为了让你的朋友坐得舒服一些，你可以为他们准备一些坐垫；为了不让你的朋友感到无聊，你可以和他们一起做些有趣的事情。

在做这些事情的过程中，你可以学到为别人着想的做人之

道以及待人接物的礼节。

自己到小朋友家里做客时

1. 去朋友家里做客时，首先要做到守时，并穿戴整齐得体，这是对主人最基本的尊重。
2. 在朋友家里，不要大呼小叫，不要随意翻动主人的东西，也不要随便在每个屋子里乱走动。
3. 对主人的热情款待要表示感谢。做客结束时，要向主人道别，切记不要在主人家里长时间逗留。

去朋友家里做客，可以让你体验到陌生的、不太熟悉的环境，还可以学会在这种情形下应该采取的做法。还可以通过朋友以及他的父母对你的态度和做法，学习怎样待客。辨别哪些做法比较合适，哪些做法会让人感到不舒服。

学学"斑马"的合作精神

小朋友们都知道，在非洲大草原上，有很多动物都要比斑马凶猛得多，比如说狮子、豹子等，它们都非常喜欢攻击斑马，因为斑马的条纹比较明显，再加上斑马奔跑的速度并不太快，很自然，斑马就成了草原上的弱势群体。

但令人惊奇的是，作为弱势群体的斑马，也会演绎一场惊心动魄的与强者抗争的悲壮战斗，并以赶走狮子的全胜姿态来结束战斗。

那么，斑马是靠什么取得这场实力悬殊的比赛的胜利呢？显然，靠单独的力量是很难战胜狮子的。

原来，当狮子要进攻一匹斑马时，其他斑马就会迅速地排成一个巨大的军阵，头挨着头地围成一个圆圈，然后轮流用后蹄去踢狮子。狮子对群起而攻之的斑马毫无办法，只好灰溜溜地离开，去寻找其他的食物。

斑马在草原上得以生存，靠的就是这种集体作战的团队精神。人这一辈子终究是要和别人一起生活的，所以从小就要培养和朋友团结一致，共同做事的性格，从小就要培养自己的团队精神。

如果你现在不重视培养自己的社会性，那么你步入社会后，在处理人际关系上就会遇到一些麻烦。

加成效果

知道什么是“加成效果”吗？用斑马的例子解释就是：一匹斑马的力量加上另一匹斑马的力量，等于两匹斑马的力量。实际上，两匹斑马的力量合在一起，却能产生远远大于“2”的巨大力量，这就是所谓的加成效果。

 做个奉献爱心的赢家

奉献爱心指的是奉献什么呢?

你是不是想得很复杂:奉献爱心需要很多很多的钱，然后去帮助一些需要帮助的人。其实，这固然是奉献爱心，但是，做一些力所能及的小事，也是奉献爱心的一种方式。

在美国，几乎所有的小学生都要参加“每月一个奉献”的活动，为有困难的邻居奉献爱心。

英国在16世纪就颁布了《慈善活动法》，鼓励青少年从小就参加爱心奉献活动，小朋友只要愿意，随时都可以参加这种活动。

那么我们中国的小朋友可以做些什么呢?

你家里有没有小弟弟或小妹妹?你的邻居中有没有比你小的小朋友?你觉得给他们讲讲故事怎么样?从你读过的书中挑出你最喜欢的，念给比你小的孩子听吧。不要小瞧这种体验哦，因为这种当“小老师”的经历，可以培养你的责任感、自信心、忍耐力和独立性。

当然你还可以为街坊邻居打扫胡同、楼道，或者捡起地上的垃圾等。多留意你的周围，你会找到很多可以做的事情。

爱心秘诀

参加爱心奉献活动时，最重要的是有一种发自内心的真诚。如果你不只是做做样子，确实是真心实意地为别人提供帮助，你会有更多美好的感受。在参加爱心奉献活动中积累下来的经验，还会使你在日后处理人际关系时受益匪浅。渐渐地，你就会发现自己是个特别受欢迎的孩子。

爱心礼券

做一些爱心礼券，用这种方法，可以把你的爱心用一种有趣的方式送给你的朋友、父母或者邻居哦。

1 标注上不同内容的“爱心礼券”，比如“讲故事爱心礼券”、“打扫卫生爱心礼券”等，把你想到的能帮助别人做的事分类整理。

2 一个月的“爱心礼券”总量控制在5张左右比较合适。

3 在“爱心礼券”上标上使用的有效期限以及“过期作废”的字样。并标明一周不能使用两张以上“爱心礼券”的附加条件。

人生没有真正的绝境，无论遭遇多少艰辛的磨难和痛苦的挫折，只要对自己有信心，总会走出困境，战胜挫折。因为一个人只有满怀自信，才能真正沉浸在生活之中，并最终实现自己的理想。

第五章

相信自己

别担心，你也可以

很多年前，有几个白人小孩在公园里正玩得很高兴。就在这时，一个卖氢气球的老人推着小车来到了公园。

白人小孩一窝蜂地跑了过去，每人买了一个气球，然后放飞。随后，他们兴高采烈地追逐着那些在天空中飘舞的彩色气球。

与此同时，一个黑人小孩正蹲在公园的一个角落，只是羡慕地看着白人小孩在嬉笑，因为他觉得自己是黑人，所以不敢和那些白人小孩一起玩。

当那些白人小孩嬉笑着离开公园的时候，黑人小孩才怯生生地走到卖氢气球的老人的车旁，用略带恳求的口气说道："您可以卖给我一个气球吗？"

老人温和地说："当然可以，你要一个什么颜色的？"

那个黑人小孩鼓起了勇气说：

“我要一个黑色的。”

老人顺手把那个黑色的氢气球给了那个黑人小孩。黑人小孩开心地拿过气球，然后手一松，黑色的气球飘升在了空中。

老人和黑人小孩高兴地看着在天空中飘飞的气球，只听老人亲切地对黑人小孩说：“孩子，你记住，气球之所以能够升起，是因为气球内充满了氢气，而不是因为它的颜色。对一个人来说，成败也不是因为种族和出身，最为关键的是心中有没有自信。”

秘诀提示：自信心是成功的钥匙，人有了自信，就可以战胜很多的困难。

假如你唱歌唱得很好，千万不要想：“世上比我唱得好的人很多……”这样会让你感到很自卑，而从此一蹶不振。自卑会吞噬掉一个人才能的萌芽。拿出自信，你的想法和行动就会有一个巨大的变化啦！

所以，任何时候都别担心，你一定行。

2 尽量去帮助别人

圣诞节的时候，凯瑟琳得到了一身漂亮的衣服，包括一顶可爱的帽子和与之配套的一双鞋，还有美丽的袜子。新衣服穿在身上，好像整个人都变新了。

她蹦蹦跳跳地走在大街上，感觉所有的人都在看她，这种感觉真是太美了。

忽然她注意到商店外面蜷缩着一个老妇人，衣衫褴褛，尤其让凯瑟琳觉得难过的是，这么冷的天，那个老妇人竟然光着脚。

怜悯之情顿时涌上了凯瑟琳的心间，她走过去问道：“老婆婆，我把我的袜子给你，希望你节日快乐！”

老婆婆用感激的眼光看着她说：“谢谢你，十分感谢你。如果有什么是我最爱的，那就是晚上睡觉的时候有双暖和的脚了，这种感觉我已经记不得了。”

凯瑟琳把自己的袜子给了老婆婆，感觉自己做了一件很有意义的事。老婆婆所说的那句话很让她感动：如果有什么是我最

爱的，那就是晚上睡觉的时候有双暖和的脚。

几天后，警察在一个破旧的小屋子里发现了那个老妇人，她已经死了。

据附近的人说，她是个老寡妇，自己一个人艰苦地生活着。他们还说，老人死时看起来一脸的祥和。是什么让她那么满足、安详，却没有人知道原因。

这个世界上如果只有一个人知道原因的话，她就是凯瑟琳。

小朋友，你知道吗？很多时候，你一个小小的付出，却让别人得到很大的满足，而你自己也能从中得到一种温暖和快乐。

从现在开始我应该做些什么

1 有一颗爱心，为那些需要帮助的人尽一点微薄之力。（如不乱花钱，把节省的零花钱用来做一些有意义的事。）

2 有一颗宽容的心，不去计较别人的过失。

3 有一颗感恩的心，记住别人对自己的帮助。

4 最后记住一句话：在这个世界上，有人因为你的爱心而变得快乐，这是你快乐、幸福的源泉，并且也是你积极向上的动力。

 PK影视明星

很多小朋友都有一个明星梦，并且把一些明星作为自己心中的偶像。如果，你也梦想成为一个电影明星，就要清楚地认识一些问题，这样才有可能不至于让自己的明星梦成为泡影。

首先，你可能认为，只要长得漂亮就有可能当个电影演员。

演员的必备素质

1 出众的演技。
2 流畅地背诵台词的能力。
3 惟妙惟肖的表情。
4 个性化的外表。
5 表演作品的创新能力。

但看一看最近走红的那些电影明星你就会明白，外貌只是成功的一个因素，自己的特色和个性才是演员更具人气的根本原因。

为了具备一名演员的基本素质，从现在开始你就要进行刻苦的训练，你可以在家里对着镜子模仿你喜欢的电视剧的片段，这是一种不错的训练方法。你还可以利用假期参加话剧培训班或者参加社区的戏剧演出，这些都是积累经验、锻炼自己

舞台艺术感觉的有效途径。

另外，你也可以把你喜欢的演员的生活照片剪贴成册，从电影杂志中，你可以看到很多关于电影演员生活的详细报道。如果你现在还没有一位中意的偶像，也不用着急，你可以通过杂志选定一位，成为他（她）的粉丝，不断研究他（她）的表演风格。

刚开始的时候，几乎所有的人都是在模仿他人的演技，经过一段时间的学习和磨炼后，才能渐渐形成自己的个性化表演风格。

还有一个问题，你必须要做到心里有数：演员这份职业是很辛苦的。虽然它看上去很体面，让很多人羡慕，但是，成为演员的道路要比你想象的曲折、坎坷得多。因为，就在此时此刻，还有很多希望当演员的人为了拿到一个配角，一边干着其他行业的工作，一边为了实现自己梦想而努力着。要知道，机会永远属于那种敢于挑战命运并时刻为自己的理想准备着的人。

饱含深情地表演下列场景

- 你正在参加一个超级明星的选秀活动。
- 唱歌是你的强项，你拿着麦克风尽情地唱着。
- 因为你的精彩表演，观众的掌声如波涛汹涌。
- 你摆了一个很酷的pose退场。

4 欣赏自己的不完美

一个名叫丹普赛的孩子，生下来就是一个畸形儿，四肢不全，只有半边右足和一只右臂的残端。像每个孩子一样，他希望自己能活蹦乱跳到处玩耍。他喜欢足球，父亲就给他做了一只木制的假足，以便他能穿上特制的足球鞋去踢球。

丹普赛一小时接着一小时，一天接着一天地用他的木脚练习踢足球，努力地在离球门愈来愈远的地方将球踢进去。

渐渐地，他变得有名气了，以致新奥尔良的圣哲队也雇请了他做自己的球员。当丹普赛用他的跛脚在最后的两秒钟内离球门63米的地方破门时，球迷的呼声响遍了全场。这是职业足球队当时踢进的最远的球，这次圣哲队以绝对优势战胜了底特律雄狮队。

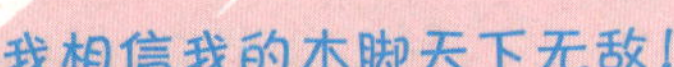

底特律雄狮队的教练施密特说：“我们是被一个奇迹打败的。”

对许多人来说，这真的是一个奇迹。

丹普赛的故事很鼓舞人，其意义远远超越了踢进一个球。不论你身上是否有不完美，不论你是男孩还是女孩，从丹普赛的故事中，你都能得到以下启示：

1. 能够欣赏自己，并接纳自己的不完美的人，才能创造奇迹。
2. 那些能够产生热烈愿望以达到崇高目标的人，才能走向成功。
3. 那些在逆境中保持积极心态并不断努力的人，才能取得卓越的成绩。
4. 无论面对的是何种逆境，只要你确立了特殊的目标，努力和劳动就会变成乐事。

在生活中，有些小朋友为自己不够聪明、不够高、不够白、不够苗条、不够美丽……而烦恼，他们总是盯着自己的不完美而苛求自己，因而常常很自卑。

自信原本就是一种美丽，而很多人却因为太在意外表而失去很多快乐。接受生命中无法改变的事情，学会欣赏自己的不完美。

启示秘诀

无论是贫穷还是富有，无论是貌若天仙，还是相貌平平，只要你昂起头来，快乐会使你变得可爱——人人都喜欢的那种可爱。

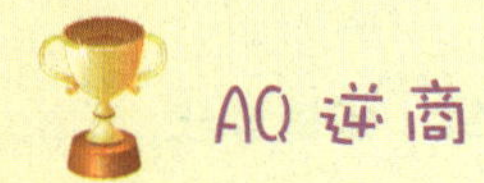

扭曲的自尊心

20多年前，英国沿海港区发生了一起惊天动地的案件。

一名水警部队某登陆艇的士兵，开枪杀死了艇上的18名官兵，最后引火自焚。然而，事件的起因却是登陆艇在出发的前一天，军官开会批评了一位违反纪律的士兵，那名士兵刚开始的时候心里感到不服气，转而由批评又想到自己的前途渺茫，一想到自己这辈子这么无望了，他就开始仇恨起了整条船的官兵。

白天航行时他沉默不语，脸色变得极为凝重，但没有一个人想到他会做出什么过分的事情来，只是认为他挨了批评，年轻人可能是因为自尊心比较强，过些日子就没事了。

可是没有想到，一件悲惨的事情发生了：在一个漆黑的夜晚，趁着士兵们都熟睡的时候，他像一个幽灵，潜进了大统舱里，他把住舱门，端起冲锋枪向他的战友们扫射，然后他又到了军官舱、报务房去继续杀戮。当他觉得这艇上没有第二条生命的时候，便跑到了机舱里引火自焚。

在这起恶性凶案事件中，有18位年轻

的官兵被这个丧失理性的凶手杀害了。

引起这个恶性事件的原因是这位士兵的自尊心过于强烈，经受不住一点批评。这种人过分夸大个人的委屈，他们把一点很小的名义上的污点夸大为人生的奇耻大辱，把别人的一次批评看做是自己再也不能上进的判决书，把可能受到的一点处分看做是已走上了绝境。

小朋友，请你记住这个启示，过度的自尊心其实正是自卑的体现，它会让人经受不住一点挫折，失去自我控制的能力。正确地对待他人的批评，是拥有自信的一个表现。

杀掉你们!

 做好自己，不必追随他人

小朋友，当有人问你为什么喜欢某个明星的时候，你能回答出你独到的见解吗？

或许只是因为周围的很多同学都喜欢，现在这个明星很受追捧而已。

当有人问你为什么喜欢在牛仔裤的膝盖上剪几个洞的时候，你的回答也仅限于这样做非常流行。

仔细想一想，这样的答案真的很难让人满意，因为这反映了你是在模仿别人，而且是很盲目的。

小朋友，并不是批评你所模仿对象的好坏，只是想告诉你，不要把太多的精力耗费在仿效别人身上，你应该把这些精力用在增长智慧和丰富心智上。

遗传学告诉我们，每个人都是独一无二的，过去没有一个完全像你的人，在将来也不会有一个完全同你一样的人。

所以，小朋友，你就是与众不同的，是这个世界的新人。你没必要去极力模仿他人，而要充分利用大自然赋予你的一切，去创造奇迹，走出一条属于自己特色的路。

即便别人确实比你优秀、比你出色，也不要轻易否定自己，因为只有你自己最可能忠于你自己。如果因为羡慕别人而否定自己，甚至丢失自我，那么原来的你就失去了价值。你首先要认识自己，然后充满自信地走自己的路。

把下面这首由著名诗人道格拉斯·马尔洛赫所写的诗背诵下来：

如果你不能做一颗青松屹立山巅，
就去做峡谷中一丛灌木——
但要做最好的小树摇曳在溪边；
如果你不能做参天大树，就做一颗矮树乐而无怨。

如果你不能做一颗矮树，就去做一株小草，
把大道装点得更加美丽；
如果你不能做一条大马斯吉鱼，那就做一尾小鲈鱼也好——
但要做最快活的小鲈鱼在湖中游戏！

如果我们不能做船长，那就做水手，
在这里我们都有广阔的天地。
要做的事巨细都有，而我们必须急事优先。

如果你不能做大道，那就做小路，
如果你不能做太阳，那就做小星；
大小并非决定成败的关键——
不管做什么，
要做就要出类拔萃，精益求精。

相信自己的力量

一项研究发现，对逆境保持乐观态度的人表现出更具进取性，会冒更大的风险；而对逆境持悲观态度的人则会消极和谨慎。

反应在自信心方面，自信的人逆商较高，在逆境中往往更容易保持乐观，自然也就容易达到成功的目标。缺乏自信的人则表现不积极，容易对前途丧失信心，不去努力地争取。

自信心是希望和韧性的体现，在很大程度上决定了一个人如何对待生命中的挑战和挫折。

一个人的心理状态很重要，在潜意识里认为自己是什么样的人，那么他很快就会知道自己应该成为什么样的人，并且最终也会按照自己的想象去塑造自己。

如果他从内心深处觉得自己很重要，并把这种感觉化为一种动力，就能很好地推动自己迈向成功。

有一个年轻人名叫查尔斯，在他30岁那年，他的工厂破产了，也就是一夜之间，他丧失了所有的财产，成了一个名副其实的穷光蛋。

查尔斯无法面对残酷的现实，心里沮丧透了，几乎想自杀。

有一天，他去见牧师。他流着泪，将自己如何破产、生活如何窘困的事情给牧师细细说了一遍，恳求牧师给予指点，帮助他东山再起。

牧师望着他，沉默了一会儿说：“我对你的遭遇深表同

情，但是，我却没有能力帮助你。”

查尔斯的希望像泡沫一样一下子全都破碎了，他脸色苍白，喃喃自语道：“难道我真的没有出路了吗？”

牧师考虑了一下说：“虽然我没有办法帮你，但我可以介绍你去见一个人，它可以帮你东山再起。”

“这个人是谁呢？他真的有这种神奇的力量吗？”查尔斯满腹狐疑。

牧师带领查尔斯来到一面大镜子前，然后用手指着镜子中的查尔斯说：“我介绍的就是这个人，在这个世界上，只有这个人可以使你东山再起，你必须首先认识这个人，然后才能下决心如何做。在你对这个没有做充分的剖析前，你不过是一个没有任何价值的废物。”

查尔斯向前走了几步，怔怔地望着镜子里的自己，面容憔悴，毫无精神，不由自主悲从中来，伤心地哭了。

几天后，查尔斯又来见牧师，不过这次他从头到脚几乎是换了一个人，步伐轻快有力，双目坚定有神。

他对牧师说：“谢谢您让我重新认识了自己，现在我已经找到了一份工作，我相信，这是我成功的起点。”

小朋友，当你遭遇挫折、一蹶不振的时候，不妨在镜前照一照，看着镜中的自己，然后坚定信心地说：你就是我要依靠的人，只有你才能帮我走出困境。

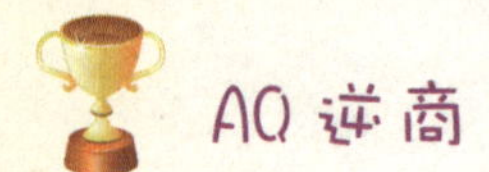

告诉自己你是最棒的

著名的宗教领袖马丁·路德·金说过：“人类所做的每一件事都是抱着希望而做成的。”一个人如果没有了自信，首先就会被自卑打倒，更别说胜利了。

周末，老师带着学生观看了一场颇有知名度的国外马戏团的表演。

“看！”同学们睁大眼睛，指着舞台惊叫道。

原来，舞台上的老虎脚被铁链拴着，而铁链的末端被钩子固定住，似乎只要稍微用一点力气，就可以挣脱。

“老师，万一老虎挣脱了铁链攻击人的话，那怎么办呢？”“应该不会有那么可怕的事吧。”“为什么不会呢？”“老虎从小被拴住，当时它无法用力挣脱，虽然现在老虎已经长得又高又壮，只要用一点力就可以挣脱链子，但它却想都没有想过呢！”同学们听了，纷纷点头，原来老虎已经丢掉了信心，所以再也挣脱不掉铁链的束缚。

老师笑着说：“希望大家不要像老虎那样，不管在学习还是在生活上，遭受了一些挫折和失败后，就丧失了追求成功的欲望和信心！”

没有自信，任何事情都不能成功。一个获得了巨大成功的人，首先是因为他有自信。自信是一种神奇的力量，它可以使不可能成为可能，使可能成为现实。而不自信会使可能成为不可能，使不可能成为毫无希望。

一分自信，一分成功；十分自信，十分成功。自信可以使你从平凡走向辉煌，所以，你要满怀自信地对自己说：我一定能够成功。

培养自信的方法

1. 每天多激励自己一点点。
2. 养成乐观看待事情的习惯。
3. 积累微小的成功。

有梦想，就要肯定自己

有一家制鞋公司，为了调查某热带地区是否有鞋子的市场，特意派遣了两名员工。

两个人到目的地一看，那里的居民基本上都是光着脚的，两个人完成了市场调查后，各自用快递向公司发了一份报告。

第一份报告的内容是：

在这里，几乎找不到穿鞋子的人，当地居民甚至不知道什么是鞋子。因此，我认为公司来到此处开发鞋子的市场势必会失败。

公司的老板接到了这份工作报告后感到非常难过。

接着打开另一份工作报告时，老板则激动得从座位上跳了起来，说："这样的想法坚定了我的信念。"

小朋友，你想一下，这第二份报告的内容是怎样的呢？

原来第二份报告是这样写的：在这里，几乎找不到穿鞋子的人，因此这里的市场前景很广阔。我认为有可能大量销售我们的产品。

面对同一种情况，两个人却是截

然不同的见解。一个人持积极的看法，而另一个人持消极的意见。

最终，公司在当地打开了市场，销售出了许多鞋子，第二份报告的意见得到了验证。

心有梦想的孩子们，一定要养成积极面对问题的态度。比如，你长大想当一名画家，就一定要自信地想："我长大后一定会成为一名画家的。"那么，从这一刻起，你就想我怎么样才能成为一名画家；相反，如果你认为这一切都不可能实现的话，你就不会为做一个画家而付出任何努力了。

记住哦，为了唤醒沉睡在体内的各种潜能，最最重要的莫过于你对自己的肯定了。

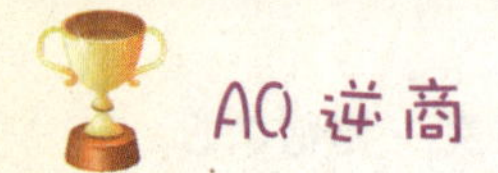

10 把微笑挂在脸上

小朋友，你的人缘好吗？

如果你的人缘不好的话，那原因只有一个，那就是你忘记微笑了。

反思一下：我会笑吗？我经常把微笑挂在脸上吗？

你有没有发现，你一笑，周围的人也都跟着笑了。这就说明，微笑具有很神奇的力量。它不但让自己更招人喜欢，也能给身边的人传递一种和谐的符号。

那你为什么不微笑呢？

是因为这次期末考试没有考好？还是因为和好朋友闹了点儿小别扭？或者是因为受到了妈妈的责怪……

也许这些都是借口，真正的原因是你没有把微笑当成一种习惯，始终忘记把微笑挂在脸上。

把微笑养成一种习惯吧，因为，懂得微笑的人，在遭受挫折的时候依然会怡然自得；而失去它的人，即使在处处如意的时候，也是郁郁寡欢。

其实，微笑也是一种学问，真诚友好的微笑，很迷人；但是虚伪做作的笑，会让人感到很不舒服。

微笑的方法

1 微笑一定要发自内心，表情要自然。

2 最美的微笑是露出上排6到8颗牙齿，眼睛一定要带有笑意，不能生硬死板。

3 不妨对着镜子练习：先用手遮住嘴，看自己的眼睛是否在笑。

微笑的益处

1 人的五官和脏腑是相互联系的，微笑的时候，人的表情放松了，他的脏腑也就放松了，因而有通气活血的作用。

2 微笑能使心理得到放松。比如当你上台演讲很紧张的时候，微笑可以缓解你的紧张情绪。

3 微笑对待别人，会让自己更自信，也会让自己得到更多的机会。

很多问题因为处理方式的不同，结果迥然不同。很多小朋友在遇到挫折的时候，不知道该怎样处理，显然不会处理问题的人的逆商是不高的。本章将教你一些处理常见问题的方法，记住，你学的不仅仅是一种方法，更是一种思想。

第六章

学会解决问题

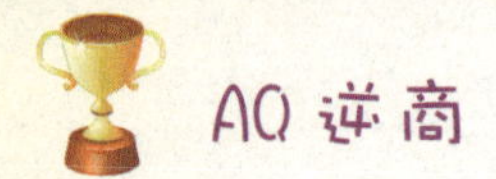

别为打翻的牛奶哭泣

如果你能知道，人的遗憾与后悔情绪是与生俱来的，正像苦难伴随着生命的始终一样，遗憾与悔恨也与生命同在。那么我们就应该变得更豁达一些。

令人后悔的事情，在生活中经常出现。许多事情，做了后悔，不做也后悔；许多人遇到要后悔，错过了更后悔；许多话说出来后悔，不说出来也后悔……

每个人都想让自己所做的每一件事都永远正确，从而达到自己预期的目的。可这只能是一种美好的愿望。

人不可能不做错事，不可能不走弯路。做错了事，走了弯路之后，有后悔情绪是正常的。这是一种自我反省，正因为有了这种“积极的后悔”，我们才可以在以后的人生路上走得更好。

但是，如果你纠缠过往不放，或羞愧万分、一蹶不振；或自惭形秽、自暴自弃，那就不是很明智了。请记住过去的已经过去，不要为打翻的牛奶而哭泣！从过去的错误中吸取教训，在以后的生活中不要重蹈覆辙。错过了，就别后悔，后悔不可以改变现实，只会给未来的生活增添阴影。把卡耐基的这句名言牢记在心吧：要是我们得不到我们希望的东西，最好不要让忧虑和悔恨来烦恼我们的生活。且让我们原谅自己，学得豁达一点。

哪些食物能缓解情绪

研究显示，某些特定的食品能影响大脑中某些化学物质的产生，从而改善人们的心情。

1 全麦面包

食物中的色氨酸能提高大脑中5—羟色胺的水平，使人产生愉悦的感觉。而全麦面包能帮助色氨酸的吸收。在吃富含蛋白质的肉类、奶酪等食品之前，先吃几片全麦面包，可以保证色氨酸能进入大脑，而不至于被其他氨基酸挤掉。

2 咖啡

早上喝一杯咖啡确有提神醒脑的作用。咖啡因能使血压暂时略有升高，并阻断使我们感到瞌睡的化学物质传递。但每天喝3杯以上可能反而会使人烦躁、易怒。

3 水

每天应喝足够的水，防止因缺水而感到萎靡不振。不能用咖啡或其他含咖啡因的饮料代替。

4 香蕉

紧张与镁缺乏密切相关，所以，生活忙碌的人在食谱中应补充富含镁的食品，例如香蕉。

5 橙和葡萄

橙和葡萄都富含维生素C，每天吃150毫克剂量的维生素C（约两只橙）就可以使紧张、易怒、抑郁的不良情绪得到改善。

6 辣椒

辣椒中含的辣椒素能刺激口腔神经末梢，使大脑释放出内啡肽。这种物质能引起短暂的愉快感。

7 牛肉

牛肉含有丰富的矿物质尤其是铁，研究表明，每天吃3盎司牛肉的人比完全素食的人可多吸收50%的铁。它可以缓解人的疲劳，使心情抑郁得到改善。

怎样避免无谓的争吵

在日常生活中，我们常常会看见两个人为了某件小事而争吵得面红耳赤，小朋友们也不例外，当说服不了别人时，就会引起争吵，其实这样的争吵，既不能说服对方，也不会给自己带来任何益处。

另外，争吵无论是输是赢，都只会无情地伤害自己或他人，对于事情而言，无谓的争吵，只会使情况越来越糟。因此，小朋友们要尽量避免那些无谓的争吵。

秘诀1：保持语调温和

在双方交谈中，谈话人的声调总是随着问话者声音的高低起伏而起伏。当轻声提问时，得到的是轻声回答；当高声提问时，得到的是高声回答。而声音的高低是情绪的一种体现，因此，我们的声调可以影响他人的情绪。所以，时刻提醒自己尽量保持平和的心态，就可以把别人的情绪控制在你想要的范围内。

秘诀2：善于夸奖别人

大多数的人都是不愿意接受别人对自己的批评，但是当你夸奖他时，他反而能认识到自己的缺点。根据这一规律，我们在指出别人的错误时，最好不要针锋相对，多夸奖一下他的长处。

秘诀3：主动坦率地自我批评

指出别人的错误要间接婉转，但是面对自己的错误，就应该坦率地承认，这是避免争吵的最有效的方法。你犯了错误，知道别人会来批评你，你何不抢先把别人责备你的话自己说出来呢。大多数情况下，别人反而因为你的这种态度谅解你，原谅了你犯的错误。

秘诀4：拥有平静的态度

我们想要别人接受自己的意见，而不发生争吵，就要放弃激动的态度，采用平静的陈述方法，让对方觉得你是在很客观、公正地阐释你的态度。

小朋友们，无谓的争吵其实大部分也都是因为生活中的一些琐事，拥有暂停一分钟的冷静、先思而后行无疑都是对你很好的警示，最好能成为你待人处世的策略，切莫忘记哦。

3 专心致志创造奇迹

小朋友们知道李广吗？他可是汉朝时期威震天下的将军。

在一个风雨交加的夜晚，李广走在一条崎岖的山路上。忽然，前方有一头猛虎跳了出来。李广急忙拉弓搭箭，使出浑身力气把箭射了出去，正好射中老虎的胸口。可是那老虎挨了箭后竟一动不动，李广觉得奇怪，就小心地走过去查看。

原来是虚惊一场，那根本不是什么老虎，而是一块酷似老虎的大岩石！因为天黑，又下着大雨，他误把岩石当成了老虎。

让李广想不到的是自己居然有那么大的力气，能够把箭射进坚硬的岩石里。于是他又向那块岩石射了几箭，结果不管怎么用力，他都无法再次把箭射进石头里。

为什么同是一个人，射出箭的时间不同结果也不同呢？原因就在于专心致志的程度不同。

李广第一次射箭是为了杀死向自己扑来的猛虎，他下意识地集中了自己都无法想象的高度的注意力！而后来则是在他精神松懈的情况下射出去的，因此再也不能把箭射进岩石里。

专心致志就是这样一种能把看起来不可能的事情变成可能的力量。小朋友如果在遇到很棘手的问题时，不妨让自己的注意力高度集中一下，专心致志就有可能创造奇迹。

E字练习法

准备工具：视力表、笔、纸。

游戏方法：

1. 把视力表放在桌子上，仔细盯着上面的某一个“E”1分钟。
2. 闭上眼睛，在脑海里画出E来。
3. 想一想，脑海中的“E”跟纸上的“E”，大小有多相近？

游戏收效：常做E字练习法，可以帮助我们集中注意力。

4 学会自己缓解压力

研究表明，心理压力有两种：一种对人有益，另一种对人有害。当一个人对某件事情感兴趣并为做好这件事而付出努力的时候，那就是有益的压力。反之，当一个人对某件事忧虑不安的时候，那就是有害的压力。

很多小朋友在遇到挫折的时候都会有一些精神压力，适当的精神压力是解决问题的动力和必要条件。同理，过度的精神压力容易造成小朋友的情绪消沉、自我封闭。因此，当这种情况来临时，试着给自己做一做心理按摩，让自己放松一点，缓解一下压力。

心理按摩操

方法1：饮食法

多吃一些富含维生素C的食物，如：草莓、苹果、柑橘、柠檬等，有直接减轻心理压力的作用。

方法2：活动法

适当的运动，在学习间隙伸伸腰、踢踢腿、散散步等，是体力活动与脑力活动的有机结合。

方法3：转移法

有意识地转移注意力，当复习累了的时候，听听音乐、泡泡热水澡，或者与朋友聊聊天、讲讲笑话等。

方法4：闭目养神法

在学习的间隙，可以很放松地闭一会儿眼睛，把脑子里的东西暂时清空，想象一些轻松欢快的场景。

方法5：激励法

告诉自己这个阶段确实努力了，考试只要能发挥出自己的真实水平就可以了。并不断地告诉自己："我很棒！"

方法6：深呼吸法

比赛前夕，如果觉得紧张，就长长地吸一口气，把肚腹鼓起来，再缓缓地呼出去，你会觉得心跳不那么快了，身体很舒服。

 5 树立责任意识

小朋友，我们经常听人说“负责任”，那你知道到底什么是责任心吗?

其实，所谓的责任，就是做好自己份内应做的事情，并承担事情的结果。责任心是指自觉地把份内事情做好的心情，一个人对自己的责任心相当于他心里的“警察”，我们要树立责任意识，就是在自己心中树立一个警察，让它对自己进行监督。

责任心是一个人生命的纤绳。有了责任心，一个人才能把事情办好，才会产生自我价值感。一个没有责任心、没有价值感的孩子，因为找不到自己的生命在社会中的地位和重要性，便会感到迷惘，因而失去创造成就的动力，而容易为其他一些物质性的轻浮的事物所吸引，沉溺其中，平庸地混过一生甚至走上歧途。

可以说，责任心是每个人安身立命的基础，也是前进的动力，只有把责任担在自己的肩上，才有奋发向上的愿望，有克服困难的决心，有真正做事的态度，也就养成了对自己行为负责任的习惯。

秘诀1：明白自己该做什么、怎样做

很多小朋友做事往往是凭兴趣的，但要树立自己做每一件事情都负责到底的态度。比如在你做手工制作的时候，当完成作品时，有没有记得把垃圾也顺便清理干净呢？如果你目前还没有做到，那么记住下次一定要记得做。

秘诀2：对自己的责任心引以为荣

有位10岁的小女孩，她负责倒家中的垃圾已经5年了。在她5岁那年，她突然对倒垃圾产生了兴趣，一听到收垃圾的铃声就提着垃圾桶去倒。父母为了支持她参加家务劳动，对她倒垃圾的事予以表扬，夸她能干，还经常在外人面前称赞她。这样就更激发了她主动倒垃圾的自豪感，慢慢地她形成了习惯，把这项劳动看成一种责任，看成是自己份内的事情，她为自己能做好这项工作而引以为荣。

秘诀3：自己的事情自己负责

有的小朋友被父母宠惯了，什么事都不爱自己动手，过着衣来伸手、饭来张口的生活。其实在这种环境下成长的孩子，明显地责任意识淡薄，依赖性太强。这对一个人的成长是非常不利的。从现在开始，养成自己的事情自己动手的习惯。

秘诀4：为自己某些行为造成的不良后果设法补救

比如损坏了别人的玩具，一定要用自己攒下的零花钱赔偿人家，让自己知道，既然造成了不良后果，就该由自己负责。

6 走向成功的秘籍——感悟

小朋友，我们无论做什么事都需要有悟性，悟则进，不悟则退。下面的一些感悟是许多人生经验的总结，希望你认真阅读，深刻理解。

1 不要总拿自己与别人比较，这样会愈看自己愈没有价值感。如同你的指纹一样，世界上的每一个人都是独一无二的。

2 不要根据别人认为重要的东西制定自己的追求目标，而应当努力去争取自己觉得最好的东西。

3 不要匆匆忙忙地过一生，以至于忘记自己从哪里来，要到哪里去。生命不是一场速度赛跑，而是一步一个脚印走过来的旅程。

4 不要耽于昨天或明天而任凭今天从指间溜走。每一天只过每一天的日子，你总会享受到所有的日子。

5 不要害怕面对风险，我们都是在闯练中学会勇敢的。

6 不要怕去学习新的东西，知识没有重量，是可以随身携带的宝藏，没有人会被它压垮，而且越多越会让你身心矫健。

7 昨天是历史，明天是谜语，而今天是礼物，所以在英语中我们把今天称为“present”。

8 生活中一时的烦恼和忧愁，不过是一阵季候风，风过之后又是朗日晴空，遍地春色。

9 无知识的生命，如同无枝叶的树，总是缺少生机勃勃。

10 生活的磨难，谁也不想经历，一旦经历了，就要把它变成财富。

11 嫉妒是无能的表现，超越是力量的显示。

12 山的沉稳在于厚重，水的活泼在于幽深。

13 是山就有高度，是水就有宽度，无论多高多宽，是自己真实的水平就好。

14 人最可贵的品格，不在于装模作样，被别人赞许；人最可贵的品格，在于本分自然地生活，自己心里踏踏实实。

15 竭力履行你的义务，你应该就会知道，你到底有多大价值。
16 生命的多少用时间计算，生命的价值用贡献计算。
17 一个人的美不在外表，而在才华、气质和品格。
18 世间最庄严的问题是：我能做好什么事？

学会实现目标

美国哈佛大学曾对1000名大学生做了一次有关目标设定的调查。调查结果如下：

27%的人，没有目标。
60%的人，有模糊目标。
10%的人，有明确的目标。
3%的人，有非常明确的目标。

30年后，对这些人的生存现状进行了调查，结果显示：

那27%没有目标的毕业生已经穷困潦倒，靠社会救济及子女赡养惨淡度日。

那60%有模糊目标的毕业生成了蓝领阶层，靠出卖技术和简单重复劳动养家糊口。

那10%有明确目标的毕业生成了白领阶层、专业人士，经济富裕而且能不断进步。

那3%有非常明确目标的毕业生成了各行业的顶尖人物、白手起家的创业者。

由此可见，目标对人生具有巨大的导向作用，有什么样的目标就会有什么样的人生。设定目标，对目标认识有明确的态度，并且为实现目标而付出努力的人，将在很大程度上决定了自己的发展道路。

其实，很多小朋友都有自己的理想，从另一种角度来说，可以把实现自己的理想作为目标。因此，设定目标不是一件很难的事，难的是该怎样实现目标。

实现目标的秘诀

秘诀1：目标的方向一定要正确

秘诀2：坚持自己的目标

无论面对什么情况，都不能轻易放弃自己设定的目标。养成珍视目标、坚持目标的习惯。

秘诀3：学会分解目标

面对一个既定的大目标或长期目标，应该学会去分解，也就是把目标细化。大的目标一旦被分成小的目标，完成目标就比较容易了。

秘诀4：专注于设定的目标

只有专注于自己的目标，时刻点击着自己的目标，每时每刻都向着自己的目标前进，才能真正实现目标。

秘诀5：有完成目标的详细计划

可以制订一个时间表，包括实现目标的措施、具体步骤等内容。

秘诀6：用实际行动来实现目标

机智应变的能力

在生活中，我们经常会碰到许多意想不到的事情，比如，你正在担任学校里的节目主持人，突然碰到听众提问你没有准备过的问题，这时，你就需要发挥你的应变能力了，一旦你不具备这种能力，不但会让自己下不来台，就连自己负责的节目也会受到影响。

这个问题该怎么回答呢？

有一个机智应变的故事流传很广，它发生在法国路易十一当政时。

一个巴西预言家来到法国，四处宣扬自己能够预知别人的命运。路易十一认为这个人是靠迷信行骗，就下令把他逮捕法办。

“听说你能预知别人的未来与命运，这是真的吗？”路易十一威严地问。

“是的，陛下，到现在为止，我的预言都很灵验，从来没有落空过。”预言家不慌不忙地说道。

“是吗？那你也肯定知道你未来的命运将有什么变化了吧？”不管预言家怎么回

答，路易十一已经打定主意要处死他。

这个巴西预言家早就猜到了路易十一的心思，不慌不忙地回答说：“事实上，我对自己未来的命运还不是非常清楚。”

路易十一显然对他的回答很不满意，于是大喝道：“来人啊，马上把这个家伙拉出去砍了！”

就在这时，这个巴西预言家机智地说：“陛下，尽管我说不准自己未来的命运，但是我却千真万确地知道这样一个事实，我会在陛下驾崩前两天死去。”

听了预言家的话，路易十一脸色大变。随后，路易十一就让人悄悄地把那个巴西预言家放了。因为他怕在那个巴西预言家死去后两天，自己真的会有什么不测。巴西预言家用他卓越的机智应变能力为自己赢得了宝贵的生命。

那么，小朋友，怎样培养自己的应变能力呢？有一条很有效的秘诀就是经常和小朋友们在一起聊天，另外也常常加入到父母对问题的讨论中，这样，你就会懂得在什么样的情形下说什么话以及如何对付各种突发的问题了，你的机智应变能力当然会大大加强了。

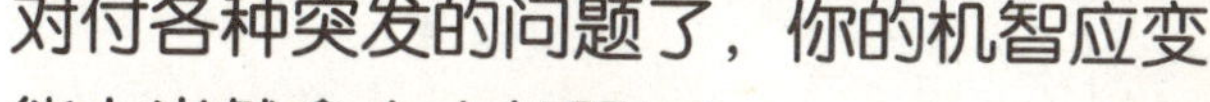

9 搞定经常欺负你的人

很多小朋友都曾遇到过被暴力恐吓或欺侮的情况，这不是你的错，错的是欺负你的人。但是，怎样才能让自己不再受欺负，搞定这样的人呢?

首先你不要忍气吞声，因为没有人应该被欺负。但也不能采取过激的行为肆意报复。其实，找老师、找家长或你信任的其他成年人，告诉他们事情的真实情况是一个比较好的方法。因为只要有人倾听你的遭遇，就会让你感觉好一些。并且他们还会支持你，给你些建议，帮助你解决问题。

另外，学校都有严格的反暴力政策，你的老师对于处理这类事件一定有很丰富的经验，你要相信他们。

还有，要坚强，要有自信。欺负人的大都是一些纸老虎，他们欺负的对象只是那些看起来比自己更软弱的人而已。平时在校园里走路要抬头挺胸，说话办事要敢做敢为，敢于正视别人的目光，为人正直，充满正气。

对于别人的恐吓行为，尽量不要去理会。让那些捣乱的人相信你不害怕他们。也没有被他们的言行伤害到，这样他们很快就自知没趣，不再骚扰你了。

没事的时候，预想一下应对这种困境的方法，未雨绸缪也是一个比较好的方法。演练一下如何反击挑衅你的人。哭喊通常只会让情况更糟，一句睿智的话，往往会让你看起来充满自信和控制力，一定要保持理智和镇定。

多结交一些朋友，出行的时候尽量多和朋友们在一起。那

些常常欺负人的孩子总是爱把目光投向那些形单影只的人，如果你的身边总是聚集着一些小伙伴，那些人也不会把目标锁定你了。

不放弃最后的5分钟

因著有《罪与罚》《卡拉马佐夫兄弟们》而闻名于世界文坛的巨匠——俄罗斯作家陀思妥耶夫斯基，曾在28岁时因犯谋逆罪被判处死刑。

那是一个下着鹅毛大雪的寒冷冬日，被关在西伯利亚监狱里的陀思妥耶夫斯基悄悄地看了一下手表，离执行枪决只剩下5分钟的时间了。他想："我人生最后的5分钟该怎么度过呢？"就在这时，他的脑海里闪过了一个很好的小说题材。为了不错过这个突然而至的灵感，他马上拿起纸和笔把它记下来。

看到这个情形，被关在一起的狱友们一起嘲笑他："哎，再过5分钟你就要命丧黄泉了，还写那些东西有什么用啊？"

令人窒息的5分钟终于过去了。"咣当"，军人们推弹上膛的声音冷冷地回响在西伯利亚的原野之上，刽子手闭上一只眼瞄准目标。就在这千钧一发之际，一个士兵急急忙忙赶了过来，制止了就要执行的枪决，"沙皇特命，立即取消死刑！"

后来，陀思妥耶夫斯基就用临刑前5分钟记下的灵感，写出了《罪与罚》《赌徒》《卡拉马佐夫兄弟们》等伟大的文学作品。

作为一个作家，陀思妥耶夫斯基临死前5分钟还在认真记录灵感，为写小说积累素材。请你永远记住，正是因为有了这种生命不息、奋斗不止的精神，只要还活着，就不轻言放弃这最后的5分钟，才有了他成为大作家的荣耀。

其实，任何人都不是在一夜之间突然功成名就的，为了成为令大家心悦诚服的顶级人物，应该从最不起眼的小事一步步地做起。古人经常说“不积跬步，无以至千里”，在这个默默努力的过程中，你还有可能体会到让你刻骨铭心的失败和挫折感。但是，即使是在那个时刻，你也不能放弃自己的希望和梦想。

参考文献

[1] 李凌青. 培养孩子意志力的10种方法[M]. 北京：中国纺织出版社,2006.

[2] 夏欣. 逆境[M]. 北京：中国书籍出版社，2006.

[3] 陈泰中. 逆商——通向成功的挫折教育[M]. 北京：中国经济出版社，2006.

[4] 牧迪. 用微笑面对逆境[M]. 北京：海潮出版社，2006.

[5] 江城子. 人生逆境应变术[M]. 北京：中国纺织出版社，2007.